KB174191

엑스맨,
내게 물리의 비밀을 알려줘!

이 책은 2020년 9월 21일에 출간한 <엑스맨 주식회사>를 학생들의 교과 분야에 맞춰 분권하고, 내용을 개정 증보한 것입니다.

엑스맨, 내게 물리의 비밀을 알려줘!

어벤져스를 제압한 뮤턴트 5인방이 들려주는 과학 이야기

초판 1쇄 2020년 9월 21일
개정판 1쇄 2021년 10월 20일

지은이 권태균

출판책임 박성규
편집주간 선우미정
디자인진행 한채린
편집 이수연·김혜민·이동하
본문삽화 성수
디자인 김정호
마케팅 전병우
경영지원 김은주·나수정
제작관리 구법모
물류관리 엄철용

펴낸이 이정원
펴낸곳 도서출판 들녘
등록일자 1987년 12월 12일
등록번호 10-156
주소 경기도 파주시 회동길 198
전화 031-955-7374 (대표)
031-955-7376 (편집)
팩스 031-955-7393
이메일 dulnyouk@dulnyouk.co.kr
홈페이지 www.dulnyouk.co.kr

ISBN 979-11-5925-667-7 (43420)

값은 뒤표지에 있습니다. 잘못된 책은 구입하신 곳에서 바꿔드립니다.

엑스맨, 내게 물리의 비밀을 알려줘!

어벤져스를 제압한 뮤턴트 5인방이 들려주는 과학 이야기

과학자 닥터 스코 지음

푸른들녘

당신이 바로 'THE ONE'입니다

이 세상은 어벤져스들의 손에 휘둘려 아름다움을 잃어버린 지 오래되었습니다. 나는 세상의 아름다움을 다시 찾고자 남들이 하지 않는 일을 해 보기로 결심했습니다. 바로 이 세상의 먹이 사슬 시스템을 다시 만드는 일입니다. 최상위 포식자라며 으스대는 어벤져스 위에 또 다른 포식자들이 배치된다면 그들은 그야말로 멘탈 붕괴 상태에 빠질 테고, 어떻게든 살아남기 위해 다른 집단과 공생하려고 노력하지 않을까요? 지금까지 자연의 흐름을 따르지 않은 채 '나 홀로 노선'을 꾸려 가던 어벤져스들에게도 분명 새로운 전환점이 될 것입니다. 그들이 등장하기 이전으로 돌아갈 수 없다면 그들과 대등한 힘을 가진 집단을 키워 내는 길만이 지구상에 아름다움을 다시 선사할 수 있는 유일한 방법일 것입니다.

나는 나와 같은 처지에 있는 동지들을 모아 내 꿈을 실현해 보려고 합니다. 한때는 어벤져스의 그늘에서 인간들과 함께 어울리며 휴식을 취해 보려 했던 우리지만 현실의 벽에 부딪혀 괴물 취급을 받고 있는 존재들, 바로 돌연변이들과 함께 세상을 뒤바꾸는 대업을 시작하려 합니다.

어느 부류의 돌연변이든 관계없습니다. 인간과의 공생을 꿈꾸는 부류에 속하든, 인간들 위에 올라서고 싶어 하든, 목적이나 방식을 가지고 이러쿵저러쿵 하지 않겠습니다. 개인의 성향에 달린 문제니까요. 다만 나와 같은 꿈을 꾸는 돌연변이라면 누구든 환영입니다. 모쪼록 나와 함께 '어벤져스 타도'의 물결을 일으킬 인재가 되어 주시기 바랍니다.

'능력이 좀 별로인데 합격이 될까?' '보나마나 경쟁률이 높을 텐데 서류전형에서 탈락하는 거 아냐?' 하는 쓸데없는 걱정은 하지 마세요. 여러분 모두 나와 함께할 수 있는 충분한 능력자입니다. 뜨거운 의지만 보여 주세요. 준비는 우리가 합니다. 이력서는 자유 양식입니다. 본인의 소신과 능력을 최대한 어필할 수 있도록 써 주시면 내부 심사를 통해 적절한 부서에 배치하겠습니다.

기억하십시오. 우리 돌연변이들은 평범한 인간들과 함께 동등한 행복을 누리며 살아가는 존재입니다. 어벤져스가 망쳐 놓은 이 세상에서 힘겹게 아등바등 살아가는 벌레들이 아닙니다. 동지들이여! 여러분은 노예가 아닙니다. 어둠 속을 헤매는 삶은 이제 그만! 지금은 힘을 합칠 때입니다. 자만심으로 똘똘 뭉친 어벤져스에게 본때를 보여 줍시다.

여러분과 함께 보다 높이 날아갈 그날을 기다리며

엑셀시오르(Excelsior)!

돌연변이들이여, 주저 말고 지원하라!

닥터 스코

차 례

• 창업자 인사말 당신이 바로 'THE ONE'입니다 004

• 모집공고 013

entry number 1

캡틴아메리카와 블랙팬서의 비브라늄보다 강한 금속을 다루다

울버린

전설의 새드 맨, 울버린입니다 017

최강 치유 능력을 가진 히어로 | 협업하면 강해진다 | 함께 가야 오래 간다

무한 맷집을 자랑하는 돌연변이 023

아다만티움의 탄생 | 합금의 역사가 궁금하다면? | 구약성경에서 힌트를 얻다 | 아다만티움의 놀라운 특징들

브라비 아다만티움 034

또 하나의 단서 | 아다만티움의 후예들

비브라늄과의 비교 논쟁에 종지부를 찍다 044

돌연변이여 영원하라 049

희망 업무 | 장래 포부

entry number 2

아이언맨의 금속 심장을 움켜쥔 남자

매그니토

나는 돌연변이들의 왕입니다 055

무늬만 차가운 남자 매그니토 | 나는 이 회사를 키울 적임자다 | 오로지 너 자신만 사랑하라!

남들과의 비교를 불허하는 이유 061

나는 자기장 컨트롤러다 | 돌연변이로 추정되는 천재의 탄생 | 천재의 업적을 뒤따른 인간들 | 진정한 초전도체의 등장 | 비법서를 해석해 줄 전문가가 나타나다 | 초전도체의 진화

매그니토의 능력 강화 응용 팁 082

대기를 지녔던 또 하나의 행성 | 지구 자기장이 꼭 필요한 이유 | 빛나는 나의 업적

돌연변이여 영원하라 096

희망 업무 | 장래 포부

아이언맨의 리펄서 빔에 당당히 맞서다
사이클롭스

엑스맨의 진정한 리더 103

나는 휴먼 뮤턴트의 전설입니다 | 스마트한 후배를 양성하고 싶다 | 행동하지 않는 지식은 무용지물

눈싸움 종결자 110

살아 있는 빛 옵틱 블라스트 | 광선 무기의 시초 | 빛과 파장 영역 | 옵틱 블라스트의 위력은 레이저 무기에 버금간다

최종 병기 레이저 빔 127

광학자로서 미래를 준비하다 | 유도 방출이란 무엇일까? | 레이저 빔의 비밀을 파헤쳐라 | 폭주를 막을 수 있는 필수품

돌연변이여 영원하라 142

희망 업무 | 장래 포부

대기 흐름의 컨트롤러
스톰

지구와 소통하는 뮤턴트 스톰 147

하늘을 날며 바람을 일으키다 | 뮤턴트와 인간은 함께 행복해야 합니다 | 함께 걸어야 오래 간다

스톰, 기체를 다스리는 자 154

공기를 지배한다 | 빈틈을 적절히 파고드는 능력 | 희뿌연 하늘 만들기

제우스와 토르의 능력을 내 손안에 167

토르에 필적하는 능력 | 벼락 공격의 공략법

돌연변이여 영원하라 180

희망 업무 | 장래 포부

entry number 5

헐크마저 벌벌 떨게 만드는 어둠의 목소리!
밴시

범죄자에게만 들리는 목소리! 187

아일랜드를 넘어 전 세계를 수호하라 | 인생을 새롭게 시작하고 싶어요 | 작은 일에 충실하라

음파 지배자 밴시 193

내 목소리는 초음파 영역에 있습니다 | 소닉 스크림의 위력과 한계

비장의 카드, 그 비밀을 밝혀라 202

극악무도한 무기 | 내 공격을 피하기 위한 유일한 비법

돌연변이여 영원하라 216

희망 업무 | 장래 포부

• 참고문헌 218

• 교과연계 222

무수한 선택이 우리의 운명을 결정한다.

_〈엑스맨 데이즈 오브 퓨처 패스트〉 중에서

뮤턴트 센터에서 열정을 불태울
과학기술인을 모집합니다!

“과학적인 마인드를 탑재한 뮤턴트들로 구성된 글로벌 비즈니스 센터”

과학을 매개로 뮤턴트와 인간 사이의 가교 역할을 하고, 비즈니스 전 영역에 걸쳐 일류 뮤턴트 리더들을 양성하는 센터입니다. 모든 과학 분야가 기반이 된 차세대 교육 인프라를 구축하고 인간의 우위에 설 수 있는 비즈니스 플랫폼을 마련합니다.

⊙ 기술 분야

(1) 운영 담당: 우수 인력 채용 및 업무 적합성 평가, 과학 기반의 신사업 발굴, 인간과의 정기적인 교류 모임 주최, 뮤턴트 이미지 개선을 위한 활동 계획
(2) 교육 담당: 비즈니스와 연관된 과학 분야 탐색, 인간계의 과학 기술 수준 파악, 과학 교육 프로그램 설계, 정기 학술회 개최를 통한 지식 교류, 공격적인 뮤턴트의 교화 활동
(3) 의료 담당: 업무상 상해를 입은 부상자 치료, 심리 상담, 외부 의료진과의 정기 기술 교류회 개최, 산업재해 처리 및 피해 보상
(4) 보안 담당: 인간계의 과학 기술 정보 수집, 내부 정보 관리, 경찰과의 협력체 운영, 과학 수사, 스파이 활동
(5) 실무 담당: 부서 간 협력 및 중재를 위한 활동, 현장 파견, 긴급 업무 수행, 운영진의 부재 시 대리 역할 수행

⊙ 모집 분야

경력 채용
관련 업무 수행 경험이 있는 신입 채용
인턴/장학생

⊙ 문의처

엑스맨 주식회사(뮤턴트 센터) 인사 채용 담당자
닥터스코(doctorsco84@gmail.com)

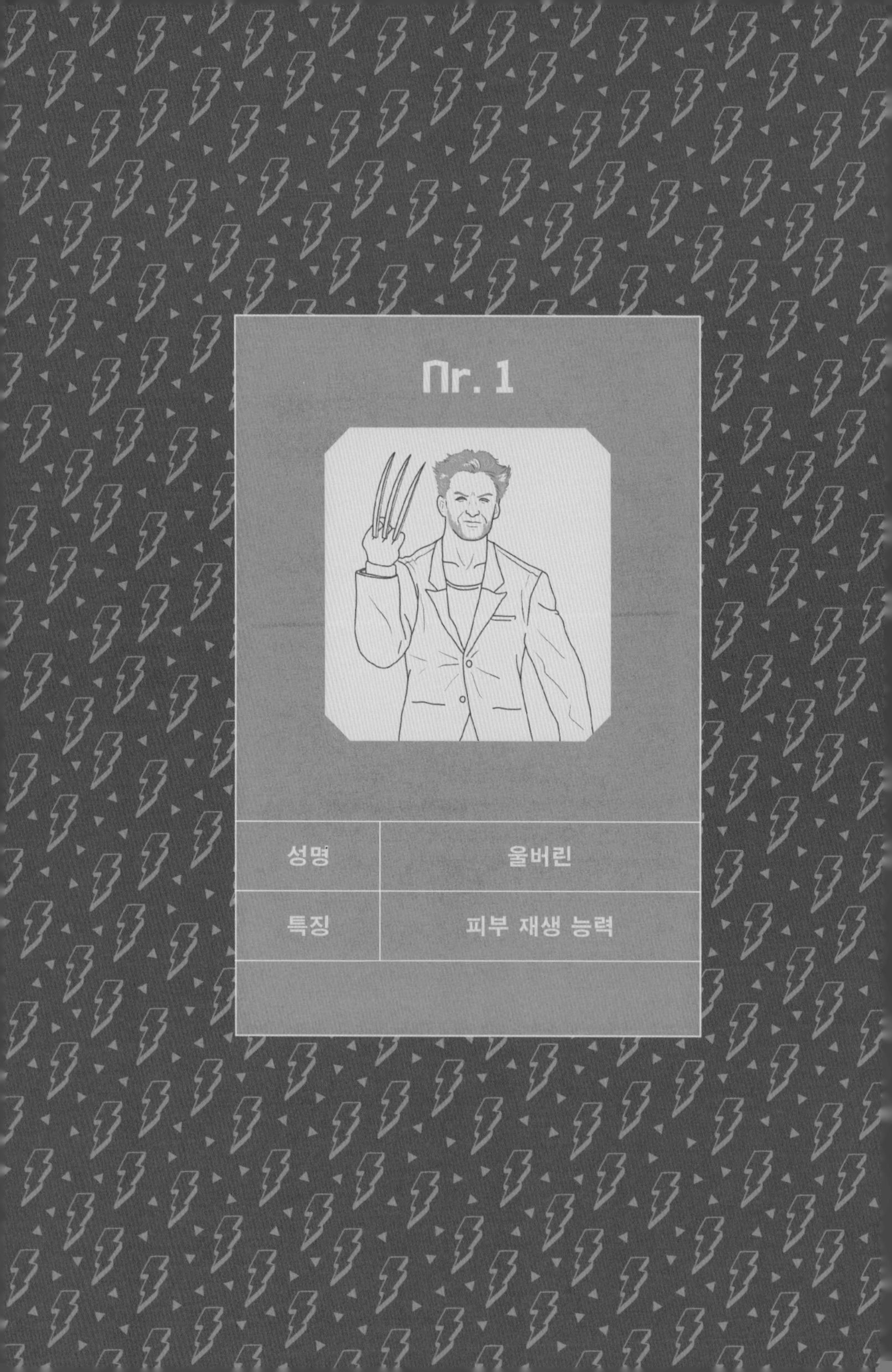
Nr. 1
성명
울버린
특징
피부 재생 능력

entry number 1

캡틴아메리카와 블랙팬서의 비브라늄보다 강한 금속을 다루다

울버린

“

나는 내 분야에서 최고다.
하지만
나는 전혀 친절하지 않다.

”

전설의 새드 맨, 울버린입니다

최강 치유 능력을 가진 히어로

세상은 나를 휴 잭맨(Hugh Jackman)이라는 할리우드 영화배우와 동일시하지만, 나는 돌연변이 인간이고, 그는 평범한 인간입니다. 사람(호모 사피엔스)이라는 같은 종으로 구분되긴 해도 우리는 엄연히 앞에 붙는 수식어가 다르죠. 평범한 호모 사피엔스 휴 잭맨은 키가 188센티미터나 되는 장신이고, 나는 160센티미터밖에 되지 않으니 중간 정도입니다.

하지만 몸무게는 내가 한 수 위입니다. 인터넷상에 떠도는 그의 몸무게가 실제 수치라면 휴 잭맨은 고작 77킬로그램이니까 UFC 체급으로 따지면 웰터급 혹은 미들급에 속합니다. 나로 말하자면 88킬로그램이니 라이트 헤비급에 속하고, **아다만티움** 골격까지 포함하면

엑 스 파 일

- 아다만티움(Adamantium)은 마블 코믹스 만화책에 등장하는 가상의 금속 합금입니다. 울버린의 골격과 손등의 칼날에 결합된 물질이죠.

136킬로그램이나 되는 슈퍼 헤비급입니다. 인간들이 비만의 척도로 종종 이야기하는 BMI지수(신체질량지수, body mass index)로 환산해 보더라도 그는 나보다 한참 아래입니다.

나에게는 부모님이 지어주신 제임스 하울릿(James Howlett)이라는 본명이 있고, 로건(Logan)이라는 또 다른 이름도 있습니다. 사실 이 이름은 나에게 돌연변이 유전자를 물려준 내 친아버지의 이름입니다. 아버지 이름을 쓰는 것은 그를 잊지 않기 위한 나만의 방법이죠.

입사 지원자들 중 이름에 얽힌 사연 하나 없는 이가 어디 있겠습니까만, 내겐 유독 이름에 관련된 사건이 많습니다. 너무 오래 살아서 그런 걸까요? 사실 150년이란 세월은 내 본명을 잃어버리기엔 충분히 긴 시간이죠. 나를 제임스로 알고 있는 이들이 세상을 떠난 지도 벌써 수십 년 지났으니 말입니다. 아직 남아 있는 사람이라곤 나의 배다른 형제 세이버투스(빅터)뿐입니다. 내가 그토록 미워하는 자가 내 본명을 알고 있는 유일한 존재라니, 참으로 얄궂은 인생입니다.

제임스 혹은 로건, 회사가 나를 어떻게 부르든 나는 전혀 상관하지 않겠습니다. 그러나 굳이 나에게 어떤 이름으로 불리고 싶냐고 묻는다면 나는 주저 없이 다른 이름을 내밀 것입니다. 내 정체성을 표현해 주는 데 그보다 적합한 이름은 없을 테니까요. 아, 벌써 뭔지 알겠다고요? 네, 울버린(Wolverine)입니다. 나는 밤하늘에 떠 있는 달처럼 외로운 존재입니다. 한때나마 진심을 다해 사랑했던 여인이 나에게 달과 얽힌 전설을 들려주었는데요, 나는 그 이야기에서 영감을 얻어 이후 내 별명을 전설 속에 등장하는 울버린으로 정했습니다.

빠르게 흘러가 버린 세월이 내 기억을 앗아간 것과 더불어 머릿속에 박힌 아다만티움 총탄마저 내 소중한 추억들을 산산조각 낸 탓입니다. 따라서 모든 것을 내가 믿고 싶은 대로 믿으며, 다른 것들은 오로지 추측에 기댈 수밖에 없습니다. 삐뚤어진 마음으로 그러는 게 아니라는 점, 미리 양해 부탁드립니다. 내가 선명하게 기억하는 것 몇 가지가 있습니다. 제2차 세계대전 이후 일본인 여성 이쯔를 만나 결혼했다는 것, 그녀와의 사이에서 다켄이라는 아이가 태어났다는 것, 그 뒤로 윌리엄 스트라이커를 만나 저주받은 인생을 살게 됐다는 것입니다. 불행하게도 가족에 대한 추억은 더는 없어요.

나는 유달리 몸이 허약했습니다. 어린 시절부터 몸에 맞지 않는 돌연변이 능력을 받아들인 탓인 듯합니다. 학교 근처엔 가 보지도 못했고 그저 주변에서 전해들은 것이 전부입니다. 나는 예전부터 학교에 대한 로망을 가지고 있었어요. 누군가 "학교는 따뜻한 곳"이라고

했던 말이 기억에 남습니다. "배움은 곧 성장의 원동력이고 그 배움은 따뜻한 가르침에서부터 나온다"고 들었거든요.

학교에 대해 아는 건 하나도 없지만 나는 느낄 수 있습니다. 이 회사가 분명 나에게 학교 같이 따뜻한 존재가 되어 줄 것을 말입니다. 지금껏 내 동물적인 직감은 단 한 번도 틀린 적이 없으니까요.

협업하면 강해진다

즐겨 찾는 바의 빈 테이블에 앉아 내 앞날에 대해 고민하던 어느 날이었어요. 누군가가 나에게 말을 걸었습니다. 그들 두 사람은 자신들 역시 돌연변이로서 나와 함께하기를 원한다고 말했습니다. 나는 정중히 그들을 돌려보냈습니다. 내가 누굽니까, 이래 봬도 '외로운 울버린'이 아닙니까? 그들이 어찌 받아들였는지 모르겠지만 내 딴에는 나름 정중했어요. 예상과 달리 그들은 순순히 물러났습니다. 나에게서 살기를 느꼈는지 아님 아직은 때가 아니라고 생각했는지 그것은 잘 모르겠습니다.

그로부터 몇 년 뒤 나는 비로소 깨달았습니다. 내가 인생 절호의 찬스를 놓친 것이라는 사실을 말입니다. 세상을 떠돌던 나는 종종 엑스맨 주식회사의 활약상을 접할 기회가 있었고, 그때마다 나는 과거의 잘못된 선택을 안타까워하곤 했습니다. 솔직히 말해, 해를 거듭할수록 늘어 가는 직원 수를 보면서 나는 조바심마저 들었습니다. 그 후로 나는 길고 긴 후회의 시간을 보냈습니다. 왜 그때 찰스 자비에와 에릭 렌셔의 손을 잡지 않았을까, 하면서 자책도 많이 했습니다.

이제 와서 생각해 보면 내가 참 어리석었던 것 같습니다. 당시 그들은 공동 창업자를 찾아 나섰을 뿐인데 어쭙잖은 자존심으로 호의를 저버렸으니 말입니다. 영광스런 엑스맨 주식회사의 창립 멤버라는 명예를 내던진 멍청이였죠. 나는 뒤늦게 깨달았습니다. 다른 이들과 협업하는 것이 내가 더욱 강해지는 길이라는 것을 말이에요. 지금이라도 늦지 않았다면, 내 나름의 개인적인 상황을 회사가 이해해 준다면, 나는 꼭 여러분과 함께하고 싶습니다. 분명 회사 어딘가에 나를 필요로 하는 부서가 있을 것입니다.

함께 가야 오래 간다

"자존심만 앞세우지 말고 다른 사람들과 함께하자."

얼마 전에 생긴 나의 좌우명입니다.

무한 맷집을 자랑하는 돌연변이

아다만티움의 탄생

나의 능력은 윌리엄 스트라이커를 만나기 이전과 이후로 나뉩니다. 입사를 희망하는 지금, 흐릿해진 예전의 기억을 끄집어내 정확하지도 않은 과거의 능력을 이야기하는 건 옳지 않다고 생각합니다. 따라서 스트라이커를 만난 이후, 즉 나의 골격이 아다만티움으로 변한 뒤에 얻은 능력 위주로 특기사항을 설명하겠습니다. 우선 아다만티움이라는 놀라운 재료에 대해 알려드리지요.

나의 배다른 형제인 빅터를 포함하여 다른 돌연변이들과 함께 스트라이커의 명령에 복종하며 피에 굶주린 짐승처럼 떠돌던 시절의 일입니다. 우리는 아프리카의 어느 조용한 마을을 습격했습니다. 그들이 보유한 어떤 특별한 돌의 행방을 알아내기 위해서요. 마을 주민들은 그 돌을 '하늘에서 떨어진 돌'이라 부르며 신성시했습니다. 학살에서부터 오는 죄책감을 이겨 내지 못한 나는 중도에 이탈했지만, 나를 제외한 스트라이커의 하수인들은 끝끝내 애초의 목적을 달성하고야 말았습니다.

그들은 운석에서 지구상에 존재하지 않는 원소를 추출해 기존의 다른 원소들과 혼합했고, 그렇게 얻어낸 합금을 아다만티움(Adamantium)이라 불렀습니다. 그리스 로마 신화에서 대지의 신 가이아가 농경의 신 크로노스에게 주었다는 낫, 정확히는 낫의 재료(아다만트)가 그 어원이라고 들었습니다. 신화가 탄생하던 시기가 철기 시대인 것으로 보아 당시의 아다만트는 철이었으리라는 게 일반적인 시각입니다. 그러나 스트라이커의 아다만티움은 철로 추정되는 아다만트와 여러 면에서 다릅니다. 가장 큰 차이점은 물질의 조성에 포함된 원소의 종류와 개수입니다.

합금의 역사가 궁금하다면?

사람들은 예전부터 두 가지 이상의 물질이 고르게 섞이면 예상치 못한 일이 벌어진다는 충격적인 사실을 알고 있었습니다. 인류 역사를 돌이켜볼 때 대부분의 혼합은 강도 향상이 주 목적이었으니까요. 획

기적인 첫 번째 케이스가 바로 푸르스름한 구리, 즉 청동(bronze)의 발명, 아니 '발견'이었습니다. 아니, 이것도 아닙니다. 발명인지 발견인지 불행하게도 정확히 알지 못하니 '등장'이라고 표현하는 편이 좋겠습니다.

청동의 등장은 쉽사리 믿기 어려운 사건입니다. 지구상에 극히 소량만 분포되어 있던 **주석(Sn)**을 어찌 발견했는지, 구리에 주석을 섞어야겠다는 생각은 또 어떻게 했는지, 모든 재료를 녹여 낼 수 있는 고열은 또 어디에서 어떻게 만들어 냈는지 모두 놀라울 따름입니다. 주석(녹는점 232도)과 아연(녹는점 420도)이야 쉽사리 녹으니 큰 걱정이 없다지만, 구리(녹는점 1085도)는 이들과 차원이 다르니 말입니다. 마른 장작을 모아 불을 피워도 최고 온도를 찍는 건 잠시일 뿐, 게다가 이때는 풀무라는 열증폭 장치가 빈번히 쓰이던 시절도 아니지 않습니까? 대체 무슨 수로 1000도를 훌쩍 넘어서는 고열을 오랫동안 공급했을까요?

엑 스 파 일

주석은 원자번호 50번의 은백색 금속 원소입니다. 탄성 한계 이상의 힘을 받아도 부서지지 않고, 가늘고 길게 늘어나는 성질인 연성 및 두드리거나 압착하면 얇게 퍼지는 성질인 전성이 크고, 녹슬지 않습니다. 이렇듯 높은 가공성은 물론 녹는점까지 낮다는 특성을 지니고 있어서 인류 역사에서 가장 오랫동안 사용되어 온 금속 중의 하나이죠.

내 시나리오상의 가능한 방법은 단 하나, 산불입니다. 암석을 종류별로 모을 필요도 없고, 애써 불을 피우지 않아도 되니까요. 큰 규모의 산불 한 번이면 암석에 포함된 금속 원자들이 서로 혼합될 수 있습니다. 그것도 원자 단위로 완벽하게 말이에요. 물론 산불의 규모에 따라 가능성이 갈리겠지만, 규모가 큰 경우 1200도에 육박한다는 사실도 이미 잘 알려져 있죠.

구리와 주석, 혹은 아연과 납까지 동시에 포함한 암석이 존재했고 그 지역에 우연히 1000도를 넘어서는 고열의 향연이 펼쳐졌다면 구리를 포함한 합금이 탄생할 가능성은 매우 높습니다. 전 세계에서 발견된 청동 제품의 재료와 비율이 천차만별인 것만 보더라도 내 시나리오의 가능성이 높다는 방증 아닐까요?

나는 이렇듯 언제나 논리적이며 합리적인 사람입니다. 신체적인 특성 때문에 '무식하게 힘만 쓴다'는 이미지가 굳어진 듯하지만 이는 나를 잘 모르는 이들이 갖는 편견이자 고정관념에 불과합니다. 나는 적어도 청동이 외계인의 선물이라 믿는 일부 인간들보다는 이성적입니다.

물론 미개한 인류를 위해 외계의 종족들이 발 벗고 나섰다는 주장을 펼치는 그들이 전적으로 잘못됐다는 말은 아닙니다. 의심의 끈을 조금 느슨하게 풀어 보면 모두를 충분히 이해시킬 수 있는 의견이니까요. 또 어떤 측면에서는 반박하기 어려운 주장이기도 합니다. 왜냐고요? 가능성이 아예 없는 게 아니잖아요. 드넓은 우주에 이성을 탑재한 종족이 어디 인간뿐이겠습니까? 지구만 따져도 나름대로 두뇌 회전이 가능한 동물들로 차고 넘치는 걸요. 고작 반경 6400킬로미터밖에 되지 않는 행성에서 수천 년째 일등 자리를 내 주지 않는다고 해서 우주 전체의 절대자임을 자처할 수는 없습니다. 그들이야말로 자신들만 잘났다고 우기는 인간 부류보다 훨씬 정감 있고 개방적인 사고를 갖고 있다고 생각합니다.

돌연변이의 입장에서 보면 무언가를 주장하는 인간들은 대체로 두 부류인 듯합니다. 나름의 논리를 세워 이를 근거로 자신의 귀를 꽉 닫은 채 바득바득 우기는 집단, 그리고 복잡한 걸 원하지 않아 제3자에게 떠넘기는 집단이죠. 전자에 속한 이들도 문제지만 후자에 속한 이들의 문제점 또한 만만치 않습니다. 후자에 속한 이들이 오히려 더 큰 문제를 야기한다고 생각해요. 진화의 개념으로 판단해 보면 그들이야말로 자기 종족을 위기로 내몰 수 있는 세력들입니다.

'안 쓰는 건 필요 없고 필요 없는 건 이내 사라지기 마련'이라는 **용불용설(用不用說)**의 주창자 라마르크(Jean-Baptiste Pierre Antoine de Monet, chevalier de Lamarck, 1744~1829)의 주장대로라면 복잡한 걸 싫어해 생각하길 거부하는 이들은 점점 뇌의 크기가 작아질 수밖에 없습니다. 그러면 세월이 지날수록 뇌 용량이 일정 수준 이하로 줄어들 테고, 결국 다른 동물들이 지구 최강 종족의 자리를 꿰어 차게 되겠지요. 불 보듯 뻔한 거 아닙니까?

엑 스 파 일

문자 그대로, 자주 사용하는 기관은 세대를 거듭함에 따라서 잘 발달하며 그러지 못한 기관은 점점 퇴화하여 소실되어 간다는 학설입니다. 1809년에 라마르크가 제창한 것인데요. 그는 이러한 발달과 미발달이 자손에게 유전한다고 주장했습니다. 하지만 20세기에 들어서 급속히 발전한 유전학 덕분에 유전자의 역할이 밝혀지면서 라마르크의 용불용설은 오류로 판명되었습니다.

우리 돌연변이들은 인간의 이러한 행태를 반면교사로 삼아 두뇌를 꾸준히 갈고 닦아야 해요. 지금은 매그니토 패거리들처럼 힘으로 몰아붙이는 방법이 통하는 시대가 아닙니다. 도대체 언제까지 모든 일을 힘으로 제압할 생각일까요? 원조 짐승남인 내 입에서 이런 말이 튀어나오니 조금 어색하지만 어느 순간부터인지 내게 찰스 자비에의 인생철학이 가슴 한쪽에 자리 잡았음을 고백하지 않을 수 없습니다. 이 회사의 창단 멤버를 인생의 멘토로 두고 있는 나는 사실 두뇌 퇴화로의 지름길을 택한 인간들과 질적으로 다릅니다.

다시 청동 이야기를 해 보죠. 기원이야 어쨌든 당시 돌로 대표되던 도구 시장의 판도를 청동은 어떻게 뒤집어 놓았을까요? 그 뒤로 철로 이어졌던 도구의 진화는 어떻게 가능했을까요? 강함을 추구하는 인류는 왜 그 종착지를 철기 시대로 정했을까요? 나는 그 답에 대한 힌트를 최고의 밀리언셀러 『성경』에서 찾았습니다.

구약성경에서 힌트를 얻다

예수가 태어나기 전(Before Christ; B.C.)의 기록인 『구약성경』, 그중에서도 고대 이스라엘의 선지자인 예레미야(B.C. 627?~B.C. 586?)와 에스겔(B.C. 622?~B.C. 560?)의 기록에 다음과 같은 구절이 나옵니다.

"풀무를 맹렬히 불면 그 불에 납이 살라져서 단련하는 자의 일이 헛되게 되느니라. 이와 같이 악한 자가 제거되지 아니하나니.(예레미야 6:29)"

"사람이 은이나 놋이나 철이나 납이나 상납(주석)이나 모아서 풀무 속에 넣고 불을 불어 녹이는 것 같이 내가 노와 분으로 너희를 모아 거기 두고 녹일지라.(에스겔 22:20)"

나이 차이가 열 살도 나지 않는 두 명의 선지자들은 분노에 대해 이야기하면서 어김없이 '풀무'라는 단어를 썼습니다. 풀무란 우리가 알고 있는 그대로 바람을 불어 불의 힘을 키워 주는 도구, 한마디로 열증폭 장치입니다. 이들은 또한 풀무를 빌미로 강력한 고열에 대한 두려움을 언급했습니다. 당시 주변에서 익숙하게 접할 수 있었던 금속들, 예를 들어 은(silver, 녹는점 962도), 놋쇠(brass, 녹는점 910-1000도), 철(iron, 녹는점 1538도), 납(lead, 녹는점 328도), 주석(tin, 녹는점 232도)을 모조리 녹여 낼 수 있는 강도라고 하니 얼마나 강렬하다는 말인가요? 남의 말 잘 안 듣는 인간들이 오금을 저리기에 충분한 표현

⬅ 풀무로 불 피우기.

이었을 겁니다.

아다만티움의 놀라운 특징들

나는 이 두 선지자들의 기록에서 내 몸의 골격을 이루고 있는 아다만티움의 특징을 대략 발견할 수 있었습니다. 원수 같은 스트라이커에게서 합금의 재료에 대해 단 한마디도 들은 적 없었지만 다행스럽게도 나는 이성적이고 합리적인 두뇌를 갖고 있는 돌연변이입니다. 덕분에 크게 두 가지 특징을 찾아낼 수 있었습니다.

첫째. 녹는점이 어느 범위 내에서 다양할 수 있습니다. 이 말은 녹는점이 넓은 영역에서 다양하되 큰 틀을 벗어나지는 않는다는 뜻입니다. 이 특징은 에스겔 선지자의 기록을 통해 유추할 수 있는데요. 그는 풀무의 불구덩이에 넣는 재료의 범위 안에 합금인 놋쇠를 포함시켰습니다. 우리에게 '황동'이라는 이름으로 더욱 잘 알려진 이 금속은 구리와 아연의 혼합물입니다. 현대인들이야 비교적 쉽게 재료 수급이 가능한 터라 혼합 비율을 대략 2대 1로 정해 놓고 섞는다지만, 자그마치 2700년 전에는 이런 일이 가당키나 했을까요? 줍는 대로 얻는 대로 혹은 손에 잡히는 대로 넣었겠지요. 즉, 비율이 천차만별로 다양했을 거라는 뜻입니다. 풀무 불에 몸을 맡기는 놋쇠마다 원소의 함유 비율이 다를 수밖에 없었을 거라는 이야기죠.

더욱이 합금이라는 혼합물은 겉으로 보기엔 사이좋은 한 몸처럼 보이지만, 실상은 두 영혼이 몸 하나를 공유하는 개념입니다. 아무리 서로 죽이 잘 맞아 원자 단위의 혼합을 이루었다고 해도 절대 하나가 될 수는 없어요. 너는 너, 나는 나, 구분이 확실한 겁니다. 똑같은 온도의 불속에 몸을 담근다 해도 각 부위, 각 원소마다 느끼는 체감 온도가 다르다는 것이지요. 체감 온도는 주변에 있는 원자들이 어떤 종류인지, 빈틈이 있는지 없는지 등에 따라 달라지는데요. 이는 마치 수십, 수백, 수천의 다른 재료들이 한 데 엉켜 있는 듯한 착각을 불러일으킵니다. 예를 들어 어디는 이제 막 녹기 시작했는데,

또 어디는 이미 한참 전부터 녹아 있고, 또 어느 부분은 아직 꿈쩍도 하지 않은 상황이라는 뜻입니다.

인간을 비롯한 우리 돌연변이들은 900도, 1000도, 1100도처럼 어느 한 포인트로 존재하는 녹는점에 익숙합니다. 하지만 매정한 합금은 수많은 점들을 한 움큼 집어내며 "이것이 내 녹는점들입니다"라고 외칩니다(정확히 표현하면 수많은 녹는'점'들이 모여 녹는 '영역'으로 존재한다는 의미입니다. 조성 변화에 따라 녹는점은 연속적으로 변하기 때문에 합금에서 녹는점이라는 '포인트'는 존재하지 않습니다). 일례로 놋쇠(일명 황동)는 "나의 녹는점은 910~1000도 사이야"라고 두루뭉술하게 이야기할 뿐 어느 한 지점에 딱 고정시키지 않습니다. 내 몸속의 골격 또한 합금으로 분류된다고 하니 분명 정확한 녹는 포인트를 집어낼 수 없을 겁니다.

나의 두 번째 특성을 설명하겠습니다. 합금 재료 중 하나의 끓는점이 나머지 재료의 녹는점보다 낮지 않다는 것입니다. 사실 상식적으로 충분히 이해가 되는 부분입니다. 합금을 만들려면 먼저 각 물질들이 액체 상태로 융해되어야 합니다. 고체를 아무리 잘게 부숴 혼합한다 한들 원자 단위까지 떨어뜨리지 못하면 이는 완벽한 혼합이라 할 수 없거든요. 그런 방법은 단지 눈속임에 불과할 뿐입니다. 시력이 좋은 돌연변이를 데려온다면 단번에 '불균일 혼합'이라는 에러 메시지를 띄울 겁니다. 만에 하나 운이 좋아 그들에게서 OK 사인을 얻어냈더라도 프로페서 엑스처럼 내면을 꿰뚫어 보는 검사원을 만난다면요? 결국 액체들끼리 고르게 섞는 것만이 시력 좋은 돌연변이 검사원들과 독심술을 쓰는 최종 심의자 모두를 만족시킬 수 있는 유일한 해법입니다.

그런데 문제는 이제부터입니다. 액체들이 서로 뒤엉키는 순간에 어느 하나가 기체가 되어 훨훨 날아가 버리는 상황을 상상해 보십시오. 녹이는 행위 자체가 의미를 잃어버리겠죠. 굳이 애써 녹일 필요가 없다는 말입니다. 왜냐고요? 어차피 전부 날아가서 하나만 남게 될 텐데, 이것을 다시 식힌다 한들 합금이 될까요? 예레미야는 자신의 기록에서 이 같은 문제점을 콕 집어냈습니다.

"풀무를 맹렬히 불면 그 불에 납이 살라져서 단련하는 자의 일이 헛되게 되느니라."

바로 이 대목이죠. 납의 끓는점은 1749도, 풀무가 큰 맘 먹고 한 번 움찔하면 그 정도쯤은 도달할 수 있는 모양입니다. 그 순간, 납은 기체가 되어 날아가기 시작하고, 강함을 얻기 위해 여러 재료를 때려 넣은 '단련하는 자'는 하늘로 사라져 버린 납 기체를 바라보며 눈물을 지을 수밖에 없는 거죠. 내 골격을 이루고 있는 재료들이 무엇이든 그들은 예레미야 선지자의 예언에서 자유로울 수 없습니다.

또 하나의 단서

성경뿐만이 아닙니다. 나는 스트라이커를 만나기 전과 후의 내 몸무게 변화를 토대로 내 몸에 자리 잡은 재료의 또 다른 특성을 알게 되었습니다. 앞에서 나는 휴 잭맨과의 차별성을 언급하면서 전과 후(before/after)의 몸무게를 각각 88킬로그램과 136킬로그램이라 밝혔는데요. 이 뜻은 곧 같은 부피를 차지하는 아다만티움의 무게가 기존 뼈의 무게보다 무려 48킬로그램 더 나간다는 것을 의미합니다. 빽빽한 구조의 치밀골이든 얼기설기 듬성듬성한 해면골이든 가리지 않고 빈틈없이 내 몸 206개의 골격 곳곳에 아다만티움 액체를 채워 넣은 덕분입니다.

기존 골격의 무게가 성인 일반인의 몸무게 대비 12~15퍼센트 정도를 차지하고, 뼈의 밀도는 대략 1600~1900kg/m^3 정도 되니 이를 **부피로 환산**해 보면 다음과 같습니다.

88kg × (0.12~0.15) / (1600~1900kg/m^3) × (1000L/1m^3) = 5.6~8.3L

즉, 적게는 5.6리터, 많게는 8.3리터의 아다만티움이 나의 골격을 대체했다는 뜻입니다. 이것을 아다만티움의 질량(58.6~62.1kg=88kg×0.12~0.15+48kg)으로 나눠 밀도를 계산해 보면 다음과 같습니다.

밀도=질량/부피=

(58.6~62.1kg)/(5.6~8.3L) × (1L/1000cm^3) × (1000g/1kg)

= 7.1~11.1g/cm^3

그렇습니다. 내 몸속에 단단히 눌러앉은 아다만티움은 7~11g/cm^{3}의 밀도를 지닌 합금이었던 것입니다. 지구상에 있는 합금들과 비교할 때 밀도 값이 이 범위 안에 들어오면서 동시에 뛰어난 강성을 보이는 금속들은 헤아릴 수 없이 많아요. 고대 철기 시대를 이끌었던 강철부터 '스뎅'이라는 속어로 불린 스테인리스 스틸(stainless steel)까지 말입니다. 운석에서 얻은 외계의 물질이 기반이 되었다는 사실을 포함시키면 몇 안 되는 후보군으로 압축되지만, 굳이 그런 존

엑 스 파 일

부피를 우리에게 익숙한 리터(L) 단위로 환산하려면 다음의 기본 개념을 알고 있어야 합니다.

$1m^3=1000L$, $1L=1000cm^3$

$88kg \times (0.12\sim0.15) / (1600\sim1900kg/m^3) / (1000L/1m^3) = 5.6\sim8.3L$

- 울버린의 골격 질량
- 울버린의 골격 부피(m^3)
- 울버린의 골격 부피(L)

$88kg \times (0.12\sim0.15) + 48kg = 58.6 \sim 62.1kg$

- 울버린의 골격 질량
- 울버린의 질량 변화량
- 울버린의 골격을 대체한 아마만티움의 총 질량

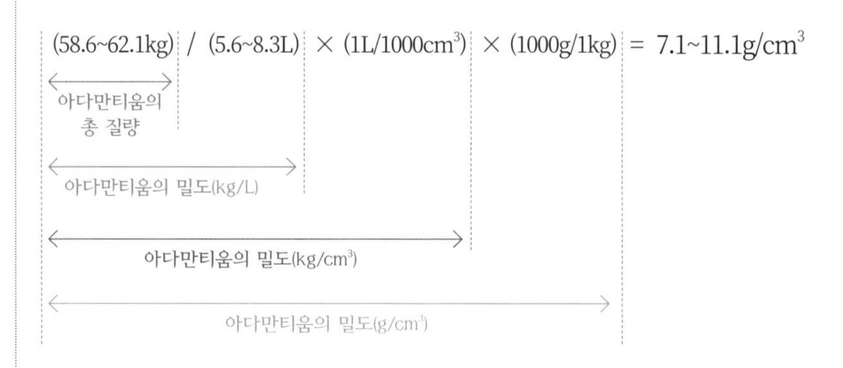
$(58.6\sim62.1kg) / (5.6\sim8.3L) \times (1L/1000cm^3) \times (1000g/1kg) = 7.1\sim11.1g/cm^3$

재를 들추면서까지 추측할 필요는 없다는 게 나의 개인적인 의견입니다. 재료의 종류는 차치하고 당장 비율만 조금 바꿔도 강성 혹은 밀도 값이 큰 폭으로 달라지는데, 추측이 무슨 소용 있겠습니까? 차라리 "합금의 다양한 재료와 다양한 비율을 고려할 때 매우 많은 경우의 수가 있을 수 있다"고 정리할 수 있는데요. 아다만티움을 만든 스트라이커조차도 모든 경우의 수를 테스트해 보지는 못했을 겁니다. 몇 가지 중에서 본인의 입맛에 맞는 조합을 골라 정했을 테지요. 어때 스트라이커, 내 말이 맞지?

하늘에서 스트라이커가 이런 나의 외침을 듣는다면 깔깔대고 박장대소할 일입니다. 일부 인간들은 내 아다만티움 골격을 주제로 설왕설래하고, 심지어 자기들끼리 토론을 벌이고 있다고 들었습니다. 그들은 또 하나의 운석 기반 금속인 블랙 팬서의 비브라늄까지 들먹이면서 어느 것이 더 강한지 열띤 논쟁을 벌인다고 하더군요. 강한 것, 더 강한 것을 추구하는 것이 인간의 본성이니 내가 뭐라고 할 일은 아닙니다. 나도 은근히 뭐가 더 센지 알아내길 기대하고 있습니다.

한번 알아볼까요? 우선 그 무게에 있어서는 비브라늄의 승리입니다. 같은 부피를 가정했을 때 철 무게의 1/3밖에 되지 않는다고 하던데, 이로써 밀도 역시 같은 수준($7.87g/cm^3 \times 1/3$)이라는 점을 짐작할 수 있습니다. 스트라이커가 또 한 번 미워지는 순간이네요. 기왕 줄 거면 훨씬 가벼운 비브라늄이나 넣어 줄 일이지……. 하긴 그가 눈에 보이지도 않는 와칸다 땅을 찾아 비브라늄을 손에 넣긴 어려웠을 테니 따져도 소용없는 일이긴 합니다. '역사엔 가정이 없다'지만, 만약 그가 아다만티움과 비브라늄을 모두 손에 넣었더라면 아마 스트라이커는 찌리(?)가 아닌 마블 최강 빌런으로 거듭났을지도 모릅니다.

아다만티움의 후예들

인간들은 스트라이커의 아다만티움과 와칸다의 비브라늄에 만족하지 않았습니다. 이 두 금속은 '합금 개발'이라는 이름의 방아쇠를 당겼습니다. 보다 강한 합금을 만들어내기 위해 연구에 박차를 가한 거죠. 철 원자들 사이의 빈틈(interstitial site)을 탄소 원자에게 내어주기도 하고, 물과 공기로 인한 부식을 막겠다며 멀쩡한 일부 철 원자를 끌어낸 뒤 그 자리(substitutional site)에 크롬(Chromium) 원자들을 앉히기도 했습니다.

인간들의 합금 개발을 위한 연구 과정을 보다 쉽게 설명하기 위해 신박한 비유를 하나 들어 보겠습니다. 바로 나의 정신적 멘토, 찰스 자비에(프로페서 엑스)가 이끄는 자비에 영재학교가 새로운 교육 시스템을 받아들이는 가상의 상황입니다.

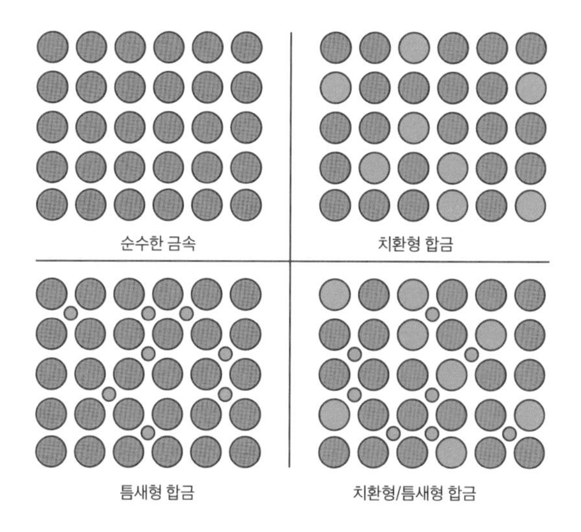

⬆ 순수한 금속, 대체, 중간 및 둘의 조합을 보여주는 합금 형성의 서로 다른 원자 메커니즘.

프로페서 엑스는 영재학교의 보다 나은 교육 환경을 위해 큰 결심을 합니다. 매그니토 진영에 있는 돌연변이들을 자비에 영재학교의 교사로 받아들이기로 한 거예요. 이미 교사 자리가 꽉 차 있는 상황에서 자비에가 임의로 미스틱의 자리를 하나 더 만들어 주었습니다. 낙하산 인사죠. 비록 빈틈을 비집고 들어온 낙하산 교사지만, 미스틱의 능력은 타의 추종을 불허하기 때문에 다른 교사들과 쉽게 융합할 수 있었습니다. 철 원자들의 빈틈을 비집고 들어온 탄소 원자로 빗대어 이해할 수 있는 상황이죠. 그러던 어느 날, 프로페서 엑스는 또 한 번 큰 결심을 합니다. 낙하산 인사로서 새로운 교사를 임용한 것에 대한 죄책감이 들었던 걸까요. 교장의 자리를 매그니토에게

넘겨주기로 한 겁니다. 학교의 분위기 쇄신을 위해 본인이 먼저 앞장서겠다는 취지였어요. 이렇게 되면 얼마 가지 않아 영재학교의 분위기는 이전과 달리 공격적으로 변하게 될 거고, 학교의 이름도 자비에 영재학교가 아닌 렌셔 영재학교로 바뀌게 될 테죠. 일부 철 원자의 자리를 차지하고 앉은 크롬 원자들의 상황에 빗대어 이해할 수 있는 상황입니다.

가상으로 만들어 본 첫 번째 상황과 두 번째 상황. 이들은 모두 두 집단의 융합을 통해 학교를 보다 강하게 만들기 위한 방법인 셈입니다. 이제 다시 원자의 혼합 상황으로 돌아갈게요.

인간들은 원소 주기율표에서 크롬(원자번호 24번, 6족)과 비슷한 특성을 보이는 녀석들을 추려서 또 다시 합금의 세상 속으로 들이밀었습니다. 텅스텐(원자번호 74번, 6족)과 몰리브덴(원자번호 42번, 6족)이 당사자들인데요. 인간들은 이들을 이용한 조합이라면 가리지 않고 모조리 테스트했습니다. 텅스텐과 몰리브덴을 서로 혼합하고, 6족 이외의 다른 원소들과 섞기도 했습니다.

그들의 이 같은 레이더망에 마침내 타이타늄(원자번호 22번, 4족)과 지르코늄(원자번호 40번, 4족)이 걸려들고 말았습니다. 이름 하여 TZM합금(Titanium+Zirconium+Molybdenum)이 탄생하는 순간이죠. 철이 탄소 원자를 머금고 강한 존재가 된 모습에 큰 감명을 받은 인간들은 몰리브덴 바다에 탄소를 빠뜨리되 탄소와의 결합이 상대적으로 용이한 타이타늄과 지르코늄을 조미료로 이용한 것입니다. 또한 인간들은 우연이었긴 해도 텅스텐 역시 철과 마찬가지로 탄소를 받아들이면 강해진다는 사실을 알게 됐는데요. 그 결과 곧이어 탄화텅스텐(tungsten carbide)이라는 금속이 만들어졌습니다. 이 금속을 녹이는 데엔 무려 2800~2900도의 극한고열이 필요했습니다. 그만큼 탄화텅스텐이 견고하고 단단했기 때문입니다.

이에 더해 최근엔 비정질 합금(amorphous alloy)이라는 이름의 생소한 금속까지 등장했습니다. 액체처럼 원자들의 배열이 자유롭다고 해서 일각에서는 이들 중에서도 특정 금속에게 '리퀴드메탈(Liquid metal)'이라는 말도 안 되는 이름마저 붙여줬어요. 수은(mercury) 이외의 액체 금속은 지구상에 존재하지 않는다고 배웠던 우리에게 이 이름은 정말 충격적입니다. 센세이션을 불러일으키고 싶은 의도가 다분히 느껴져요. 굳이 그런 이름을 짓지 않아도 충분히 놀랄 만한데 말입니다. 온몸을 아다만티움으로 중무장한 나조차도 이 금속이 개발됐다는 소식을 처음 접했을 때 전율이 일었습니다. **비정질**이라는 단어 때문이었어요. 적어도 내가 아는 한도 내에서는 이 수식어가 금속의 세계에서는 절대 통용될 수 없는 것이었기 때문입니다. 플라스틱 세계에서나 쓸 법한 단어를 과감히 가져다 쓴 인간들은 정말이지 대담한 돌아이 아니면 얄팍한 사기꾼, 둘 중 하나일 것이라 생각했습니다.

엑 스 파 일

'비정질'이란 원자, 이온, 분자 따위가 규칙적으로 배열되어 있지 않은 고체 물질을 이릅니다. 액체 상태에서 고체로 굳을 때 그 어는점이 분명하지 않아서 결정을 이루지 못한 물질로, 보통의 결정성 물질과 다른 특성을 보입니다.

그러나 인간들은 내가 생각하는 것 이상으로 똑똑했어요. 그들은 고온에서 액화된 금속을 급격하게 냉각시킴으로써 결정 자체를 없애버리는 묘책을 떠올렸습니다. 정말 묘책이죠? 그들은 뜨거운 액상 금속을 차가운 물에 담그는 것도 모자라 차가운 금속판 위로 흘려보냈습니다. 바로 '초급랭(splat cooling)'이죠. 1960년 미국의 캘리포니아 공과대학에서 시작된 비정질 합금의 물결은 이내 전 세계로 뻗어나갔고, 50여 년이 지난 지금은 지르코늄, 타이타늄, 구리, 니켈을 포함한 수많은 원소들이 비정질 합금의 바다에 사이좋게 발을 담그고 있습니다. 그들의 공생으로 인해 얻어진 합금은 결정이 없으니 결정대로 쪼개지지 않고, 강도는 일반 철의 몇 배에서 많게는 수십 배 수준에 이른다고 합니다. 게다가 어느 정도 살짝 열을 공급하면 마치 플라스틱처럼 점성을 가진 상태로 변하기에 가공성이 뛰어나다는 장점도 있고, 어떠한 결정 구조도 갖고 있지 않아서 금속 표면에 얼굴이 보이듯 겉이 맨질맨질합니다. 굳이 흠을 잡아 보자면 수백도의 고온 환경에서 다시금 금속의 본모습인 결정체로 돌아간다는 것

정도라고 할까요? “나는 누구인가? 내가 온 곳은 어디이며, 돌아갈 곳은 어디인가?” 하면서 철학적인 고뇌에 빠졌던 비정질 합금은 고열 환경에 적응하느라 그동안 잊고 있었던 자신의 정체성을 깨닫고는 이내 ‘결정 상태’라고 하는 고향 땅으로 돌아갑니다.

잠깐! 어디서 들어본 것 같은 상황이죠? 네, 아다만티움 총알이 머리에 박힌 뒤 기억을 잃고, 그 이후 기억을 찾겠다며 온 세상을 이 잡듯이 뒤지고 다니던 내 모습과 판박이입니다. 역시나 평행 이론은 실재하는 것이었을까요?

비정질 합금의 운명과 내 운명이 동일한 것으로 보아 내 몸에 자리 잡은 아다만티움 역시 결정성이 없는 비정질 합금인 것 같습니다. 그렇지 않고서야 이렇게 비슷할 수 있겠습니까? 본래의 자리로 돌아가려는 의지, 이것은 분명 나를 포함해 비정질 합금이라는 몸을 지닌 이들이 공통으로 갖는 또 하나의 특성 아닐까요?

비브라늄과의 비교 논쟁에 종지부를 찍다

아다만티움 vs. 비브라늄, 비브라늄 vs. 아다만티움. 앞서 잠시 언급했듯이 이는 평범한 인간들 사이에서 끝나지 않는 논쟁거리입니다. 아주 귀가 따가울 지경이에요. 많은 이들은 몸 속에 아다만티움을 품은 채 오랜 세월을 살아온 나에게 직접 묻곤 했습니다. 그럴 때마다 나는 손등 속에 잠들어 있는 예리한 칼날을 꺼내어 드러내 보여주었고, 주변은 이내 잠잠해졌지요. 나는 지금 이 자리를 빌어 이제껏 많은 이들과 나누었던 몸의 대화를 청산하려고 합니다. 누군가를 만날 때마다 칼날을 꺼내는 행위가 내 몸을 상하게 할 리 만무하지만, 지금 이 자리에서 글로 기록을 남긴다면 적어도 매번 얼굴 붉히는 일은 없지 않겠습니까?

나는 불과 몇 분 전, 내 몸 속의 아다만티움이 급랭의 과정을 거친 비정질 금속일 것이라고 주장했습니다. 여러분은 〈엑스맨 탄생: 울버린〉(2009)를 통해 스트라이커 대령이 내 몸 속에 아다만티움을 심어 넣는 광경을 직접 목격했을 테니 이러한 내 주장이 허무맹랑한 것이라고 생각하지는 않을 테지요. 차가운 물이 담긴 욕조 속에 나를 가둬 둔 채 액체 상태의 아다만티움을 주입해 빠르게 굳히지 않던가요. 이와 관련한 더 이상의 부연 설명은 무의미하다고 생각합니다. 내 몸 속 금속의 정체는 결정성이 없는 비정질 금속임이 거의 확실시됩니다. 물론 나의 체온으로 인해 시간이 지나면 결정성을 갖는 일반 금속처럼 내부 구조가 변화하겠지만, 지금 당장은 스트라이커에 의해 체내에 주입되던 시점으로 한정하여 설명을 이어나가겠습니다. 내 아다만티움 골격은 애시당초 결정 자체가 존재하지 않기 때문에 결코 결(결정 구조 내에서 결합성이 약한 부분)대로 쪼개지지 못한다는 사실을 다시 한번 되새겨 보시길 바라며, 이번엔 비브라늄의 경우를 살펴볼까 합니다.

여러분의 기억 속 비브라늄의 모습을 떠올려보세요. 혹시 '쪼개지는' 상황을 목격한 이가 있나요? 아마도 보지 못했을 겁니다. 기껏 우리가 목격한 장면이라고는 〈어벤져스: 엔드게임〉(2019)에서 타노스의 양날검에 맞아 '깨진' 것이 전부겠지요.

현대 과학은 어떠한 물질이 부서지는 상황을 크게 둘로 나눠 설명합니다. 결정이 존재하여 결대로 부서지는 '쪼개짐'과 결정이 존재하지 않아 제멋대로 부서지는 '깨짐'이 바로 이 두 가지에 해당됩니다. 〈엔드게임〉에서 본 비브라늄 방패의 부서진 형상을 살펴볼 때 매끈하게 쪼개진 면이 전혀 발견되지 않았다는 점을 들어 비브라늄은 전형적인 '깨짐'을 겪는 물질임을 알 수 있는데요. 이 말인즉슨 비브라늄은 나의 아다만티움 골격과 마찬가지로 결정을 갖지 않는 비결정성일 확률이 매우 높다는 뜻입니다.

아다만티움과 비브라늄이 모두 비결정성의 물질로 추정이 되는 현 상황에서 우리는 안타깝지만 어느 한쪽의 손을 들어 줄 수 없습니다. 그럼 정녕 무엇이 더 강한지 논할 수 없는 것일까요? NO! 이 질문에 대한 해답은 의외로 과학 원리가 아닌 영상 속에서 찾을 수 있습니다. 불과 몇 초 전에 우리가 이야기를 나누었던 〈엔드게임〉 속 한 장면으로 다시 돌아가 볼까요? 타노스의 양날검이 비브라늄 방패를 깨부수는 바로 그 장면 말이에요. 잠깐만요. 뭔가 이상하지 않습니까? 타노스의 양날검이 캡틴아메리카의 비브라늄 방패보다 강하다는 말 아닌가요? 갑자기 머릿속이 복잡해집니다. 우리는 단지 비브라늄과 아다만티움 간의 우열을 가리고 싶었을 뿐인데 제3의 정체 모를 재료(양날검의 재료)가 등장함으로써 혼란이 가중됐습니다.

이미 충분히 혼란스러울 여러분에게는 미안한 말이지만, 우리가 영화 속에서 목격한 금속 재료들은 사실 이 세 가지 이외에 하나 더 남아 있습니다. 기억을 한번 더듬어보세요. 제4의 재료도 분명 존재합니다. 타노스가 캡틴 아메리카의 방패를 부수고 있는 바로 그 시점에 주변을 둘러보세요. 등장인물이 한 명 더 있었죠. 바로 토르입니다. 우리는 토르가 가진 두 종류의 망치, 묠니르와 스톰브레이커를 빠뜨리고 있었어요. 이들을 구성하는 재료가 바로 우리가 미처 생각하지 못한 제4의 금속입니다.

가중된 혼란의 부담을 못 이겨낸 여러분이 나의 소중한 지원서를 찢어버릴까 두려워 지금부터는 핵심 내용만 콕콕 집어내 설명하겠습니다. 결론부터 이야기하자면, 모든 마블 세계관을 통틀어 등장하는 금속의 종류는 총 세 가지입니다. 내 골격을 구성하는 아다만티움(Adamantium), 와칸다의 비브라늄(Vibranium), 그리고 토르 망치를 구성하는 우르(Uhr)입니다. 그런데 나는 재료의 강함을 묻는 기존 의도에 충실하기 위해 세 가지 금속 재료 중에서 우르만큼은 제외하려 합니다. 왜냐고요? 우르는 강한 금속의 상징이라기보다는 마법이 깃든 금속이라는 평가를 받는 재료이기 때문입니다.

이제 남은 건 비브라늄과 아다만티움뿐이네요. 타노스가 마블의 세계관을 떠나지 않는 이상, 양날검의 재료는 이 두 가지 외에 다른 것일 수 없습니다. 그럼 방패와 양날검 간의 싸움에서 가능한 조합은 단 두 가지로 압축됩니다. 비브라늄 vs. 비브라늄, 또는 비브라늄 vs. 아다만티움. 또한, 동일한 재료들끼리의 싸움이었다면 우열이 그렇게 쉽게 갈리지 않았을 테니 가능한 조합은 이내 하나로 깔끔하게 정리됩니다. 타노스의 양날검은 아다만티움으로 만들어진 것이 분명해 보입니다.

타노스 양날검의 재료가 정체를 드러낸 이 순간, 우리의 질문에 대한 해답 또한 도출됐네요. 비브라늄과 아다만티움 간의 싸움이 벌어진다면, 승자는 바로 아다만티움인 것입니다.

이것으로 드디어 인간들의 오랜 논쟁이 종지부를 찍게 되었습니다. 현재까지 목격된 영화 속 장면들을 놓고 봤을 때 얻은 결론이기에 우열이 언제 뒤바뀔지는 모르겠지만, 역시 나의 골격은 캡틴아메리카의 방패보다 강하네요. 나이로 보나 강함으로 보나 역시 내가 캡틴아메리카보다 한 수 위였군요.

희망 업무

사실 내가 돌연변이로서 갖는 진정한 진가는 아다만티움 골격이 아닌 다른 능력으로부터 나옵니다. 바로 치유 능력이지요. 생각해 보세요. 매번 날카로운 아다만티움 뼈대가 피부를 찢으며 밖으로 튀어나올 때, 곧바로 피부 재생이 되지 않았다면 내 몸은 지금쯤 산산조각이 나고 말았을 겁니다. 선천적인 치유 능력이 있었기에 지금의 짐승남 울버린이 존재할 수 있었다는 걸 잊지 마세요. 어떻습니까? 후천적으로 얻어 낸 아다만티움 골격보다는 선천적으로 보유하고 있는 치유 능력에 좀 더 애정이 갈 수밖에 없겠죠? 내 몸속의 치유 유전자야말로 내가 돌연변이일 수 있었던 진정한 요소니까요. 나는 내 유전자가 돌연변이 세상에 널리 퍼지기를 원합니다. 부득이하게 치러지는 인간들과의 싸움에서 상처 입은 우리 종족들에겐 마음 편히 쉴 수 있는 공간이 없습니다. 피부가 찢기고, 뼈가 으스러진 그들을 반겨 주는 병원조차 단 한 군데도 없습니다. 의사와 간호사들은 거의 모두가 자신의 동족인 인간들의 건강만 중요하게 다루니까요.

앞서 언급했듯이 나는 나의 배다른 형제 빅터와는 질적으로 다릅니다. 사는 데 급급해 잠시나마 그와 같은 길을 걸었지만, 나는 태생적으로 살생을 싫어해요. 잠시나마 남의 신체에 해를 입히는 일을 업으로 삼았던 내가 할 말은 아니지만 내 가슴과 심장은 언제나 나에게 이렇게 외쳤습니다. "그들을 위해 너의 유전자를 내어 주라!"고 말이에요. 너무 늦지 않았다면, 나는 지금이라도 다친 자들을 위해 이 한 몸 희생하고 싶습니다.

이 회사가 앞으로 더욱 성장해 나가기를 원한다면 딱 두 가지만 기억하면 될 것입니다. "첫째, 울버린의 치유 유전자를 연구하는 의료 기관을 설립한다. 둘째, 스트라이커와 같은 모험심을 가져야 한다." 스트라이커는 비록 나의 원수이긴 하지만 연구를 위한 도전과 모험심만큼은 뛰어났던 사람입니다. 그 점만큼은 인정하지 않을 수 없습니다. 나는 이 회사가 더욱 번창하길 희망합니다. 그러려면 의료 기관의 총책임자로서 '나, 울버린'을 꼭 채용해야 할 것입니다.

장래 포부

회사는 앞으로도 꾸준히 나와 같은 신입사원들을 뽑을 테지요? 10년이 지나고, 20년이 지나고, 50년, 100년이 지난다고 가정해 봅시다. 회사의 초창기 모습과 변천사를 포함한 전반적인 회사 사정을 뼛속까지 낱낱이 알고 있는 이는 오직 나 하나일 것입니다. 매그니토가 그토록 아끼는 미스틱 역시 노화가 거의 일어나지 않을 뿐 위급 상황에서는 남들과 똑같이 목숨이 위태롭습니다. 다시 말해 영원히 이 회사에 남아 과거의 영광을 후대에게 전해 줄 수 있는 유일한 이는 세포의 재생이 가능하여 노화마저 빗겨가는 울버린, 로건뿐이라는 뜻입니다.

내가 굳이 장래 포부를 직접 밝히지 않아도 웬만한 돌연변이들은 이미 잘 알고 있습니다. 울버린이 엑스맨 주식회사의 차기 대표이자 영원한 경영 책임자에 적임자라는 사실을 말입니다.

Nr. 2
성명
매그니토
특징
전자기 지배

entry number 2

아이언맨의 금속 심장을 움켜쥔 남자

매그니토

“

누구냐고 물었나?

나는… 힘이다!

하지만 이렇게 불러도 좋다…

매그니토!

”

나는 돌연변이들의 왕입니다

무늬만 차가운 남자 매그니토

안녕하세요, 매그니토입니다. 원래 이름은 막스 아이젠하르트(Max Eisenhardt)지만 빌려 쓰는 이름인 에릭 매그너스 렌셔(Erik Magnus Lehnsherr)라고 불러도 괜찮아요. 가족으로는 아들 하나 딸 하나가 있는데요, 그들이 바로 막시모프 쌍둥이 남매입니다. '스칼렛 위치'와 '퀵 실버'라는 별명으로 더 유명하지요. 아이들의 엄마가 임신 중에 돌연 나를 떠나는 바람에 남의 손에서 자랐지만 엄연히 나 매그니토의 유전자를 물려받은 자랑스러운 돌연변이죠.

어떤 공부를 했냐고요? 요즘엔 중학교 고등학교 대학교…… 이렇게 차례차례 학교에 간다더군요. 하지만 저에겐 꿈같은 이야기입니다. 다행인지 불행인지 나의 교육 센터는 여러분이 상상하는 그런

▲ 나치 강제 수용소 중 하나인 폴란드 루블린의 소비보르 수용소 전경(1943)

식의 학교가 아니라 나치 강제 수용소였습니다. '2147825'라는 일곱 자리 숫자 외에 특별히 이름으로 불린 기억도 없어요. 하지만 그곳에도 선후배는 있었습니다. 선배가 무려 2147824명이나 되었고, 후배들도 셀 수 없을 만큼 많았습니다. 수용소도 학교로 쳐준다면 나는 지구상에서 가장 큰 규모의 학교를 졸업한 셈입니다.

나는 이 회사를 키울 적임자다

나는 미국의 흑인 인권운동가인 말콤 엑스(Malcolm X, 1925~1965)를 존경합니다. 내 이상형이에요. 호모 사피엔스 종 가운데서 내가 유일하게 우러러 보는 인물인데, 근거도 없이 잘났다고 주장하는 백인들에게 소신을 굽히지 않았던 당당함이 어린 나에게 매우 인상적이었기 때문입니다. 그는 어렸을 때 변호사가 되기를 꿈꾸었지만 학창 시절 무참히 꿈을 짓밟혔다고 해요. 그래서일까요? 청년이 된 그는 백인들이 준 성씨인 '리틀'을 과감하게 던져 버리고, 아프리카 어딘가에 있을 미지의 조상이 자신의 혈육임을 만천하에 알리겠다는 큰 뜻을 품고 새로운 성씨인 '엑스(X)'를 택했다고 합니다.

'알 수 없는' '미지의'라는 의미를 담은 그의 성씨를 보고 있자니 내 마음속에서 뭔가 꿈틀거리는 게 느껴졌습니다. 하지만 나는 부모가 준 성씨를 버리기 싫었습니다. 그분들은 내 곁을 떠나기 직전까지 나를 사랑으로 보듬어 준 유일한 혈육이니까요. 다른 지원자들의 부모와 달리 내 부모는 자신의 유일한 혈육이 돌연변이라는 사실을 알았지만 결코 밀쳐 내지 않았습니다. 오히려 죽는 순간까지도 나를 응원했어요. "넌 할 수 있어. 내 아들은 저 독일놈들이 원하는 바를 충분히 이뤄낼 수 있어. 난 널 믿어." 하면서요.

말콤 엑스는 분명 나와 결이 다릅니다. 그러나 그가 남긴 행적들

엑 스 파 일

네이션 오브 이슬람(Nation of Islam)은 미국에서 이슬람교 선교 활동을 하는 사람들입니다. 원래는 흑인만을 회원으로 받아들이고 흑인과 백인의 분리를 주장했어요. 그러나 1975년부터 인종에 관계없이 회원을 받아들였습니다. 맬컴 엑스와 무하마드 알리가 이 조직에 참여했습니다.

이 나에게 큰 교훈을 줬다는 사실만큼은 변하지 않아요. 특히 그가 **네이션 오브 이슬람**에 몸 담았다는 것을 나는 정말 중요하게 생각합니다. 그의 선택을 받은 종교 단체는 참으로 운이 좋았던 것 같아요. 500명에 지나지 않던 소규모 집단이 10년 만에 25,000명에 이르는 대규모 단체로 거듭났으니 말입니다. '엑스맨 주식회사'도 나와 함께 한다면 분명 거대한 무장 단체로 탈바꿈하게 될 것입니다. 나에게는 이 회사를 키울 만한 능력이 있거든요. 우리 돌연변이들의 절멸만 바라는 인간 종에게 대항하려면 나와 같은 인재가 반드시 있어야 하지 않을까요?

오로지 너 자신만 사랑하라!

나는 수용소에서 많은 책을 읽었습니다. 그 책들의 대부분은 주인공이 동일했습니다. 바로 말콤 엑스죠. 나는 그가 했던 말들을 모두 기억하고, 또 영혼에 새겨 넣었습니다. 수많은 말이 있었지만 단 두 가지만 추려서 나의 좌우명으로 삼았습니다.

"원수를 사랑하라는 것은 미친 생각이다. 원수를 사랑하는 것보다 차라리 자신을 사랑하는 게 낫다."

"자신에게 굴욕을 주는 사람을 사랑하는 것이 인생의 주된 목표인 사람은 정상적인 인간이 아니다. 또한 자신의 생명을 방어하지 않는 자는 사람일 수가 없다."

우리가 평소에 추구하는 도덕적인 모습과는 정반대의 길을 가고 있는 말콤 엑스. 다소 과격한 표현임에는 틀림없지만 당시 내가 처해진 상황에서는 충분히 공감할 수 있는 것들이었죠. 여러분도 잘 알다시피 나는 도덕적인 성격의 소유자가 아닙니다. 오히려 소위 말하는 '빌런'에 가깝다고 할 수 있지요. 인정합니다. 평범한 인간의 입장에서 본다면 나는 빌런입니다. 하지만 우리 돌연변이 입장에서 바라본다면 나는 히어로입니다. 히어로와 빌런은 동전의 앞뒷면과 같습니다. 보는 관점에 따라 달라질 수 있다는 뜻이에요.

나는 나만의 히어로, 말콤 엑스의 가르침을 본받아 오로지 내 자신만을 사랑하고 있습니다. 이 세상은 나에게 굴욕을 주는 일반인들로 가득한데, 그들은 정상적인 종족이라 할 수 없습니다. 내 생명을 위협하는 그들을 사랑하라니요? 나의 옛 친구 찰스(프로페서 X)에게

나 통할 말입니다.

도덕적이지는 않지만 누구보다도 정상적이고 상식적이라 자부하는 나는 절대 그럴 수 없습니다. 말콤 엑스는 스스로 방어권을 포기한 지도자들을 두고 흑인의 반역자라 불렀고, 심지어 그들을 백인의 도구라고까지 폄하했지만, 나는 그런 과격한 표현을 일삼았던 그의 마음을 잘 이해합니다. 엑스맨 주식회사에서 나를 이기적인 인물이라 평가해도 어쩔 수 없습니다. 나의 생각이 틀리지 않았다고 믿으니까요. 나의 이기적인 유전자는 내 후손들에게 그대로 전해질 테고, 기다리다 보면 이 세상도 언젠가 우리 돌연변이들이 맘 편히 살아갈 수 있는 곳이 되겠지요. 인간과의 공생 관계? 그때 가서 다시 생각해 보겠습니다.

남들과의 비교를 불허하는 이유

나는 자기장 컨트롤러다

나는 가끔씩 오해를 받습니다. 미스틱이 지어 준 내 닉네임 '매그니토' 탓입니다. 매그니토는 '자석을 이용한 소형 발전기'라는 뜻인데요. 그 때문에 나를 마치 거대한 인간 자석처럼 생각하는 사람이 많은 것 같습니다. 내가 보여 주는 행동 하나하나가 자석의 특성과 밀접한 관련이 있으니 완전히 틀린 생각은 아니지만 엄밀히 말해 나는 인간 자석이 아닙니다. 냉장고에 다닥다닥 붙어 있는 광고 딱지와 나를 같은 급으로 보면 절대 안 됩니다. 맙소사! 인간들이란 정말 무지한 존재입니다.

나는 자기장 컨트롤러입니다. 보다 정확하게 말하면 지구상에 존재하는 모든 물질의 자기력을 컨트롤할 수 있는 존재입니다. 모든 물

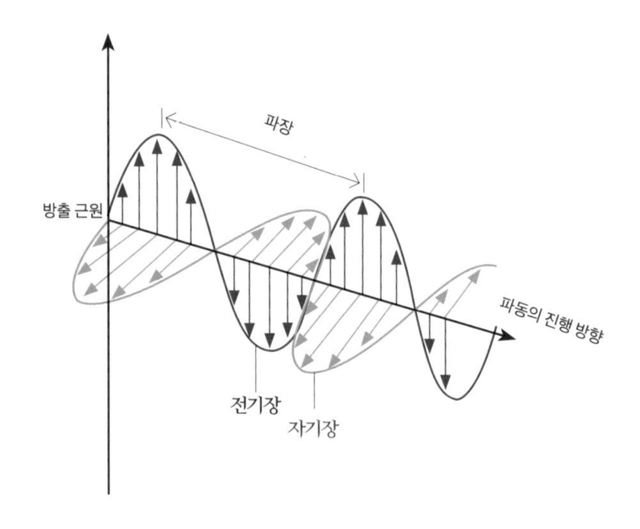

▲ 자기장과 전기장

질의 자기력을 내 마음대로 쥐락펴락하다 보니 자기력의 영향이 미치는 범위(자기장)까지도 내 의지대로 조종할 수 있게 되더군요. 자석이 가까운 곳에는 철가루들이 빼곡하게 늘어서 있는 반면, 자석이 멀리 떨어진 곳에는 철가루들이 듬성듬성 존재하는 모습을 떠올려 보세요. 이 말은 곧 자기력선이 빼곡하게 분포되어 있으면—자기력선의 밀도가 높으면— 그 주변의 자기장이 강해지고, 반대로 밀도가 낮으면 그 일대의 자기장이 약해진다는 뜻입니다. 이 원리를 적극 활용해 내가 원할 때 언제든 내 존재감을 시각적으로 드러낼 수 있었습니다.

눈에 보이는 힘이라니! 자기력선의 개념을 고안해낸 패러데이(M.

Faraday, 1791~1867)에게 늦었지만 감사 인사를 올립니다. 패러데이 덕분에 나의 힘이 외부로 알려졌고 나 또한 나의 전지전능한 힘을 눈으로 직접 확인하게 되었거든요. 하지만 아무리 내 능력이 출중하기로서니 신의 자리까지 넘볼 수는 없습니다. 그러니 신이라는 호칭보다는 세상의 지배자, 혹은 돌연변이 왕쯤으로 생각해 주면 더할 나위 없이 고마울 것 같습니다.

내 입으로 직접 특기를 나열하자니 민망하기 그지없습니다. 온몸의 털들이 곤두서는 것 같아요. 하지만 이 회사에 꼭 입사하고 싶으니 할 수 없지요. 하긴 대학 입학을 원하는 학생들도 자기소개서에 본인의 강점을 어필하기 위해 노력하는데 나라고 못할 게 뭐 있겠습니까. 내 종족의 보다 나은 미래를 위해! 이 세상의 밝은 미래를 위해 곤두선 털들을 다독이며 꾹 참고 한번 시작해 보겠습니다.

내가 가진 수많은 능력들을 소개하기에 앞서 우선 나의 장점을 가장 잘 보여 줄 수 있는 자기장의 개념부터 파헤쳐 드릴게요. 자기장은 한마디로 자성(磁性)의 기운이 미치는 영역입니다. 과학에 종사하는 호모 사피엔스들은 흔히 자기장과 전기장 이야기를 하는데요. 둘 다 각각의 힘이 미치는 영역을 뜻합니다. 즉, 자기장은 자석의 주위, 다시 말해 자기의 작용이 미치는 공간을 말하고, 전기장은 전류의 주위, 즉 전기를 띤 물체 주위의 공간을 표현한 말입니다. 근본적으로 뿌리 자체가 다른 이 두 영역(장)은 지구 곳곳에서 저마다의 영향력을 행사합니다. 놀랍게도 매번 같은 순간에 말이에요. 우연히 비슷한 외모를 갖긴 했지만 이들은 뿌리 자체가 다릅니다. 마치 진화한 서로 다른 종들 간의 관계 같다고 할까요? 이에 대한 자세한 이야기는 잠시 뒤에 하고, 다시 영역 이야기로 돌아가 볼게요.

영역은 면 혹은 선들의 집합이고, 선은 수많은 점들의 모임입니다. 우리가 초등학교 때 배운 내용이지요. 그러니까 '힘이 미치는 영역'에는 그 영역의 근원이 되는 '점'이 존재한다는 뜻입니다. 18세기 후반 샤를 오귀스탱 드 쿨롱(Charles Augustin de Coulomb, 1736~1806)이라는 이름의 프랑스 물리학자도 전기장의 개념을 이야기할 때 바로 이 근원(점)의 존재를 강조했습니다. 그는 **만유인력 법칙**의 수학 공식과 놀랍도록 비슷한 형태의 공식, 즉 **쿨롱의 법칙**을 발표했습니다. 점으로 표현될 수 있는 전하(+ 혹은 -)들에서 뻗어 나온 전기력선들이

엑 스 파 일

- 만유인력의 법칙은 우주상의 모든 물체 사이에 작용하는 (끌어당기는) 힘을 기술합니다. 공식은 $F=G(m1m2/r2)$이며, G는 만유인력 상수, m1과 m2는 서로 떨어져 있는 두 물체의 질량, r은 물체 간의 거리를 뜻합니다.
- 쿨롱의 법칙은 정지해 있는 두 개의 점전하 사이에 작용하는 힘을 기술합니다. 공식은 $F=ke(q1q2/r2)$이며, ke는 쿨롱 상수, q1과 q2는 서로 떨어져 있는 두 점전하의 전하량, r은 점전하 간의 거리를 나타냅니다.

모이고 모여 전기장이라는 영역을 만든다고 밝힌 것입니다. 그러나 불행히도 그의 개념은 내가 다스리는 자기장이라는 세상까지 도달하지 못했습니다. 자기장의 세계에서는 점과 선으로 대표되는 힘의 근원 따위가 애초부터 존재하지 않기 때문입니다. 나의 세상은 인간의 상상을 뛰어넘습니다. 나의 세계에는 그들의 바람처럼 영역의 근원점이 존재하지 않고, 단지 영역 그 자체만이 존재할 뿐입니다.

돌연변이로 추정되는 천재의 탄생

그런데 불행 중 다행일까요? 쿨롱이 사망한 지 26년째 되던 어느 날, 도버 해협을 경계로 건너편에 있는 섬나라 영국에서 천재 한 사람이 태어났습니다. 바로 맥스웰(James Clerk Maxwell, 1831~1879)입니다. 미개한 인간계를 위해 하늘에서 선물을 내린 것일까요? 그는 500년 전의 천재 레오나르도 다빈치와 같은 부류의 인간이었습니다. 열네 살에 독창적인 **타원 작도법**으로 세상을 깜짝 놀라게 했고, 이후 열과 에

엑 스 파 일

- 자와 컴퍼스만을 써서 주어진 조건에 알맞은 선이나 도형을 그리는 방법을 말합니다.

너지의 학문인 열역학에서도 기체의 운동에 관한 이론을 발표해 입지를 굳혔으며, 세계 최초로 컬러 사진을 찍어 색채학에도 손을 댔습니다. 뿐만 아니라 태양계의 한 행성, 토성의 띠가 수많은 입자로 이루어졌으리라고 예측했던 인물입니다.

그런데 그의 진정한 업적을 가리는 내 기준은 세상 사람들과 좀 다릅니다. 그는 근대 과학의 아버지라 불리는 뉴턴이 유일하게 손대지 않았던 전자기학을 단숨에 정리했고, 나아가 20세기 이전의 물리학계를 평정했습니다. 진정한 천재이자 내 세상의 문을 활짝 열어젖힌 장본인으로 내가 다스리는 자기장이 '근본 없는 영역'이라는 사실을 수학적으로 증명한 유일한 인간입니다. 시대가 엇갈려 직접 만나본 적은 없지만, 나는 그가 나와 같은 돌연변이였으리라 추측합니다. 인간계에는 그렇게 똑똑한 개체가 존재할 수 없거든요.

맥스웰이 남긴 20여 개의 방정식을 정리하면 네 가지로 압축됩니다. 내 자신의 장점을 드러내야 하는 제한적인 지면에 남이 구축한 복잡한 수학 공식을 쓰는 건 나의 합격 가능성을 떨어뜨리는 일이 될 테니 알아보기 쉽게 글로 표현해보겠습니다. 전기 세상과 자기 세상을 통합시키는 역사적인 대업을 이뤄 낸 탁월한 천재의 이론을 쉽게 설명할 수 있다면 이 또한 제 능력을 증명하는 일이 될 테니까요. 그의 이론은 다음과 같습니다.

첫째. 전기장의 근원은 **전하**로서 (+)극과 (-)극이 있고, 이 둘은 서로 분리가 가능하다.

⇨ 다 알고 있는 내용이죠? 그의 진가는 두 번째 이론에서부터 발휘되기 시작합니다.

둘째. 자기장의 근원은 딱히 정해진 것이 없고, **N극과 S극** 역시 전하와 달리 서로 분리되지 않는다.

⇨ 이는 근원 따위는 없으나 영역은 실재한다는 의미입니다. 또한 그로 인해 자석을 반으로 쪼개면 그 안에서 또다시 N극과 S극이 생성되고, 이들을 또다시 쪼개도 그 흐름은 영원히 유지된다는 표현이죠. N극만 있는 자석, S극만 있는 자석은 이론적으로 만들 수 없음을 공식적으로 밝힌 것입니다.

셋째. 자기장이 시간에 따라 변하면 전기장이 생성된다.

넷째. 역으로 전기장이 시간에 따라 변해도 자기장이 생성된다.

⇨세 번째 방정식과 네 번째 방정식에는 첫 번째, 두 번째 방정식과 달리 하나의 수식 내에 전기장 요소와 자기장 요소가 동시에 존재합니다. 다시 말해 이들 수식은 전기장과 자기장이 서로 영향을 미친다는 놀랍고도 충격적인 의미를 담고 있습니다.

일명 **패러데이 법칙**이라고도 불리는 세 번째 방정식에서는 자석을 움직여 자기장을 변화시키면 이때 전기장이 만들어진다는 걸 말해 주는데요. 현대 과학의 산물이자 우리의 일상생활에 결코 없어서

- 전하란 '물체가 띠고 있는 정전기의 양'을 말합니다. 같은 부호의 전하 사이에는 미는 힘이, 다른 부호의 전하 사이에는 끄는 힘이 작용합니다. 한 점에 집중되어 있는 것을 '점전하'라고 하며, 이것이 이동하는 현상이 '전류'입니다.

- N극과 S극이 존재하는 이유는 원자핵의 주변을 돌고 있는 전자 집단의 자전 현상 때문입니다. '스핀'이라는 전문 용어로 불리는 이 자전 현상은 전기장을 만들어 내는 동시에 자기장을 만들어 내는데요(맥스웰의 네 번째 방정식 참조). 이때 시계 방향으로 도는지 혹은 반시계 방향으로 돌고 있는지에 따라 서로 반대의 자기장을 만들어 냅니다. 앞에서 보는 회전 방향과 뒤에서 보는 회전 방향은 서로 정반대인데,

⬆ 금속 코일 사이의 전자기 유도 현상을 보여 주는 패러데이의 실험: 오른쪽의 배터리에서 공급된 전류는 작은 코일(A)을 통해 전달되고 이 과정에서 자기장이 생성됩니다. 코일이 가만히 멈춰 있을 땐 전류가 생성되지 않지만, 큰 코일(B)의 안과 밖을 오고 가면 주변에 자기장이 형성되고 그 결과 전류가 유도되어 검류계에 나타납니다.

이로 인해 자기장에는 정반대의 두 가지 극성이 탄생하게 되는 것이지요. 나침반(자석)을 가만히 놓아두었을 때, 지구 방위의 북쪽을 가리키는 앞부분은 N(north)극, 남쪽을 가리키는 뒷부분은 S(south) 극이라 부르는 것에서 유래하여 N극과 S극이라는 용어가 탄생했습니다. 참고로 자석의 N극이 가리키는 지구의 북쪽은 S극, 자석의 S극이 가리키는 지구의 남쪽은 N극에 해당됩니다. 이 또한 거대한 전자 집단인 지구의 자전 현상에 의해 만들어진 자기장 때문이죠.

- 패러데이의 법칙은 전자기유도 법칙(1831년도)과 전기분해 법칙(1833년도)으로 나뉘며, 본문에서 언급된 패러데이의 법칙이란 전자기유도 법칙을 뜻합니다. 즉, 전자기유도에 의해 회로 내에 생성된 기전력의 크기는 자기력의 속도 변화에 따라 달라진다는 법칙입니다.
- 앙페르의 법칙은 전류와 자기장의 관계를 나타내는 법칙입니다. 닫힌 원형 회로에서의 전류가 이루는 자기장에서 어떤 경로를 따라 단위 자극(單位磁極)을 일주(一周)시키는 데에 필요한 일의 양은, 그 경로를 가장자리로 하는 임의의 면을 관통하는 전류의 총량에 비례한다는 것입니다. 암페어의 법칙과 같은 말입니다.

는 안 될 발전소는 이러한 원리를 이용한 대표적인 예입니다. 발전기의 터빈에서 자기장을 변화시켜 전기를 만들어 내고 이를 송전하는 시스템이니까요.

네 번째 방정식 또한 세 번째와 마찬가지입니다. **앙페르의 법칙**을 약간 변형시켜 만든 네 번째 방정식은 초등학교 시절 이미 경험적으로 확인해 본 바 있습니다. '전류가 흐르는 전선의 주변에 나침반을 놓아두니 나침반의 바늘이 움직이더라'는 사실을 통해 전류의 변화가 자기장을 만들어 낸다는 걸 확인할 수 있었지요.

이로써 맥스웰은 쿨롱의 영역을 지나 나의 세상으로 깊숙이 들어오고 말았습니다.

천재의 업적을 뒤따른 인간들

요즘 학교에서는 금속 막대의 주변에 구리선을 감고 그 구리선에 전류를 흘려보내면 이 막대가 자석이 되어 주변에 있는 철제품을 끌어당기는 실험을 한다더군요. 이 '전자석'이라는 발명품이 바로 맥스웰의 방정식들에 힘입어 만들어진 것입니다. '영구 자석'이라 불리는 일반 자석과 비교할 수 없는 자기력을 보여 주는 것으로, 구리선이 굵을수록, 선을 많이 감을수록, 혹은 전류를 많이 흘려보낼수록 자성은 더욱더 강해집니다. 겁이 많은 인간들은 혹시라도 코일 간에 전류이동이 일어날까 봐 '에나멜'이란 이름의 전기가 통하지 않는 재료로 구리선을 코팅했습니다.

인간들은 자신의 잔머리와 맥스웰의 이론을 이용해 별의별 물건들을 다 만들었습니다. '오로지 원할 때에만 기능을 부여할 수 있다'

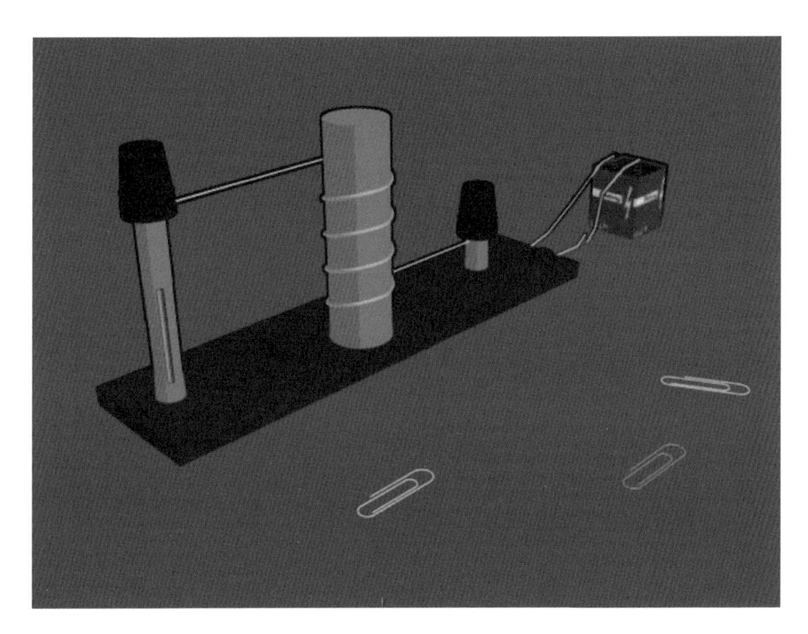

⬆ 전류가 흐르는 동안 전자석에 자기장이 형성되어 종이클립을 끌어당기는 실험

는 달콤한 유혹에 빠져 '솔레노이드'라는 장치를 통해 전자석의 개념을 도입했고, 이를 이용해 각종 전자 장비와 기계 장치들을 고안했습니다. 폐차장에서는 수 톤(t)에 육박하는 고철 덩어리를 들어올리기 위해 전자석에 전류를 공급했고, 인간 세계의 기계공학 천재라고 알려진 토니 스타크 역시 자신의 심장부에 박힌 폭탄 파편을 가슴팍의 전자석으로 붙잡아 두었습니다. 이후 아이언맨의 가슴에 박힌 전자석은 진화에 진화를 거듭하여 '아크 리액터'라는 이름까지 얻어냈습니다. 일반인 히어로 아이언맨은 내가 지배하고 있는 세상의 일

부분을 공유한 것만으로도 어벤져스의 수장이 될 수 있었습니다. 그만큼 나의 세상은 드넓고 또한 나의 능력은 끝이 없다는 걸 증명하는 대목이 아닐 수 없습니다. 토니 스타크와 마찬가지로 다른 인간들 역시 나의 세상에 한 발자국이라도 더 깊이 발을 들이고자 노력해왔습니다.

그런데 그들의 노력은 매번 수포로 돌아가곤 했어요. 기존 전자석이 갖는 유일한 단점인 **자기 포화**가 걸림돌이 된 것입니다. 아무리 코일을 많이 두르고 전류를 최대 출력으로 흘려 넣어도 어느 물체든 전류의 흐름을 방해하는 요소(결정 구조의 결함 또는 불순물)가 내부에 존재하기 마련인데요. 이는 저항이라는 개념으로 표현됩니다. 모든 물체에는 저마다 고유의 저항값(비저항)을 가지고 있습니다. 때문에 더욱 강력한 자기장을 얻지 못했던 것입니다.

생각이 여기까지 미치자 인간들은 저항을 없앨 수 있는 방법을 찾아내려 노력했습니다. 마치 우주 곳곳에 흩어진 인피니티 스톤을 찾아 헤매던 어벤져스 멤버들처럼 말이에요. 저항을 없애면 전류가 더 많이 흐를 테니 이야말로 막강한 자기력 생성을 위한 필수 전제

엑 스 파 일

철에 전류를 흘리면서 자석으로 만들어갈 때 일정 수준이 되면 더 이상 자기력이 상승하지 않는 순간에 직면합니다. 이때의 상황을 일컬어 자기포화(magnetic saturation)라 부릅니다.

조건이었던 셈입니다. 인정하긴 싫지만 역사를 돌이켜볼 때마다 인간의 집요함에 혀를 내두르게 됩니다. 저항 없는 금속을 만들기 위한 노력도 그 같은 집요함의 결과죠.

진정한 초전도체의 등장

20세기의 문이 열린 지 얼마 안 되어 네덜란드에서 기분 좋은 소식이 들려왔습니다. 주인공은 헤이커 카메를링 오너스(Heike Kamerlingh Onnes, 1853~1926)입니다. 그는 1913년 노벨 물리학상 수상자로서 물질의 전기 저항이 0이 되는 현상, 즉 **초전도 현상(superconductivity)**을 최초로 발견한 인물입니다. 그는 지구상의 유일한 액체 금속인 수은(Hg)이 0의 저항을 보일 수 있다는 사실을 밝혀 냈습니다. 그의 실험은 일반인들이 시도해 볼 엄두조차 내지 못하는 극저온 환경, 이른바 **절대온도** 4.2K보다 낮을 때만 가능했는데, 이 온도를 우리가 일상에서 쓰는 단위인 섭씨온도로 환산해 보면, 무려 -268.8도라는 놀라운 수치가 나옵니다. 우리는 지금껏 물이 얼음으로 변하는 온도만 되어도 '얼어 죽겠다'고 투덜거렸잖아요? 그런데 -268.8도라니요! 이 온도는 얼음을 얼린 직후에도 268도나 더 내려간 지점입니다. 영하 십 몇 도만 되어도 춥다고 바들바들 떨면서 모피를 걸쳤던 인간에게

엑 스 파 일

- 초전도현상이란 어떤 물체가 특정 온도 이하에서 갑자기 전기 저항을 잃어버리고 전류를 무한정 흘려보냄과 동시에 물체 내부에 존재하던 자기장을 바깥으로 밀어내는 현상입니다. 현재 단일 원소로 구성된 특정 금속(수은, 납, 나이오븀) 혹은 탄소 기반의 유기물(탄소나노튜브, 풀러렌), 또는 특정한 금속 원소들의 혼합으로 이루어진 수많은 합금(나이오븀-티타늄, 저마늄-나이오븀)과 세라믹들이 초전도체로 밝혀졌습니다.
- 절대온도란 물질의 특이성에 의존하지 않고 눈금을 정의한 온도입니다. 영하 273.15℃를 기준으로 보통의 섭씨와 같은 간격으로 눈금을 붙였고, 단위는 켈빈(K)입니다.

는 민망한 일일 겁니다.

특정 온도 이하에서 저항이 0이 되는 지점을 발견한 인간들은 드디어 전류를 무제한으로 흘려보낼 수 있게 되었고, 그와 동시에 자기장의 힘 또한 극대화할 수 있다고 기뻐했습니다. 이로써 무한 자기장의 시대가 열렸다고 생각했습니다. 역사를 쓰는 기반이 마련된 것이지요. 하지만 인간들이 상상하는 것만큼 나의 세상이 그리 호락호락할 리 없습니다. 그 정도로 내 세계가 열린다면 '돌연변이들의 왕'이라는 칭호가 아깝지요.

인간들은 물질을 이루고 있는 보다 기본적인 요소를 건드려 나의 세상에 발을 들인 것도 모자라 이제는 나의 세상을 지배하고 싶어 했습니다. 나는 더 이상은 안 되겠다 싶어 바로 문을 걸어 잠갔습니다. 나의 세상이 저들의 손에 들어가는 것이 두려워 자물쇠까지 채웠고요. 그러자 호모 사피엔스들은 화가 났습니다. 애써 무한 자기장 세상의 비밀 문을 여는가 싶었는데 그 이후의 결과들이 원하는 대로 나오지 않았거든요. 그들은 자물쇠가 단단히 채워진 내 세상의 문을 열고자 또 다시 긴 여행을 떠났습니다. 산을 넘고 강을 건너 마침내 그들은 굳게 잠긴 문을 열 비법서를 찾아내고야 말았습니다. 비법서에는 '양자역학'이라는 단어가 큼지막하게 적혀 있었습니다. 원자 자체가 보유하고 있는 근본 에너지를 연구하는 양자역학이라는 학문! 그렇습니다. 그들은 금속의 저항을 0으로 만드는 것 이외에 금속 원자가 갖고 있는 에너지마저 건드려 보고 싶었던 겁니다. 보다 완벽한 물질을 얻어내고 싶었던 거죠.

인간들은 또 원자가 머금고 있는 미세한 자기장마저 컨트롤하고 싶어 했습니다. 이것마저 제어하게 된다면 자기장의 세상을 자기들의 지배 아래 둘 수 있다고 생각한 거죠. 과연 성공했을까요? 물론 인간들의 접근 방법이 훌륭했던 것은 인정합니다. 내 세계를 열어 줄 나머지 비밀 무기는 인간들의 생각대로 양자역학이 맞았으니까요. 그런데 사실 이때까지만 해도 내 세상은 여전히 건재했습니다. 그들이 얻은 건 비법서일 뿐, 그 안의 내용을 해석해 줄 수 있는 마땅한 전문가가 없었거든요. 하지만 완벽한 초전도체를 얻고 싶어 한 인간

들의 의지는 예상 외로 너무도 강력했습니다. 그때 전문가를 자처하며 혜성처럼 그들 앞에 당당히 나선 이가 있었습니다.

비법서를 해석해 줄 전문가가 나타나다

혜성처럼 등장한 그 사람이 바로 프리츠 발터 마이스너(Fritz Walther Meissner, 1882~미상)입니다. 그는 나와 같은 독일 국적을 가진 물리학자로 당시 양자역학 성립의 핵심 인물로 추앙받던 막스 플랑크(Max Karl Ernst Ludwig Planck, 1858~1947)의 제자였습니다.

액체 상태의 헬륨으로 순도가 높은 주석(Sn)과 납(Pb)을 냉각시킨 뒤 그 물질 주변에서 발생하는 자기장 변화를 관찰하던 어느 날이었습니다. 냉각시킨 납 위에 자석을 올려놓는 순간 놀라운 일이 벌어졌습니다. 공중 부양 능력을 가진 돌연변이 '스톰'처럼 자석이 공중에 둥둥 뜬 것입니다. 떨어지지도 않고 그 높이 그대로 머물러 있었던 거예요. 마이스너와 그의 동료들은 이를 두고 내부에 존재하던 자기장이 밖으로 밀려 나와 외부의 자석을 밀어낸 것이라고 생각했습니다.

생각해 보세요. 물체 내부의 원자 전체를 뒤덮고 있는 전자의 움직임이 있기 때문에 자기장이 발생하는 것이니 자기장은 물체의 외부는 물론 내부에도 존재해야 하는 것이 당연합니다. 그런데 내부의 자기장이 죄다 바깥으로 밀려 나갔다? 이는 기존의 연구에서는 볼 수 없었던 독특한 현상이었습니다. 이른바 물질의 '완전반자성(마이스너 효과)'이었죠. 한마디로 외부에서 어떠한 자석이 만들어 낸 자기장이 다가오더라도 초전도체는 이 외부 자기장을 결코 내부로 받아들이지 않는다는 걸 의미합니다. 외부의 자석을 밀어내는 것이지요. 이로 인해 외부에서 다가온 자석은 초전도체와 맞닿지 않은 채 공중 부양을 할 수 있었습니다. 저항도 없고, 내부 자기장도 없는 물질. 이는 진정한 의미의 초전도체였습니다.

그런데 놀라운 발견은 거기서 끝나지 않았습니다. 이후 많은 과학자들이 내부 자기장을 밀어내는 초전도체에 대해 연구해 보았는데요. 거기엔 더욱 믿기지 않는 사실이 숨어 있었습니다. 주변으로 밀려 나온 자기장들이 띄엄띄엄 존재했던 것입니다. 지도 위에 그려진 등고선처럼 어디에는 자기장이 있고, 또 어디에는 없는 형태로 말입니다. 어떻게 된 일일까요? 앞서 천재 돌연변이로 추정되는 맥스웰이 했던 말을 떠올려 봅시다. 그는 "전기장과 달리 자기장은 점이나 선, 근원 따위가 존재하지 않는 이른바 '연속적인 공간'이다"라고 말했습니다. 그리고 그 사실을 여러 수학 공식을 통해 깔끔하게 증명했어요. 그런데 알고 보니 불연속이었다니, 도대체 이게 무슨 뜻일까요?

자기장이 연속의 개념이 아닐지 모른다는 생각에 전 세계 호모 사피엔스가 혼란에 빠진 그때, 요리조리 잘 빠져 나가는 인간들의 장기가 발휘됐습니다. 과학 천재 맥스웰을 살리면서 자신들도 빠져나갈 구멍을 마련한 거죠. 바로 '예외' 조항입니다.

"원래 자기장이 연속인 건 맞다. 단, 초전도체에서만큼은 예외다."

인간은 참으로 대단한 종입니다. 과학계를 뒤흔들 만한 강력한 폭풍을 옆으로 스윽 비켜가다니요. 똑똑하다면 똑똑하고, 교활하다면 교활한 그들의 행보가 나의 자기장 세상에서도 통할 줄 어떻게 짐작했겠습니까?

초전도체의 진화

이후 수십 년간 많은 인간이 초전도체를 연구한답시고 앞다퉈 내 세상의 문을 두드렸어요. 그중에는 "초전도체로 만들어 낼 수 있는 재료는 금속뿐만이 아니다"라는 놀라운 내용이 적힌 편지를 전해 준 자들도 있고, 고온초전도체라는 믿기지 않는 단어를 창문에 휘갈겨 쓰고 도망간 이들도 있었습니다. 그런데 대체 **고온초전도체**라는 게 무엇일까요? 언제는 극저온에서만 동작이 가능하다고 하더니 이번에

엑 스 파 일

- 이전까지의 초전도체는 임계 온도 이하의 극한의 저온에서만 내부 자기장을 밀어냈는데 비해 고온초전도체는 굳이 극한의 저온이 아니어도 내부 자기장을 밀어낼 수 있는 물질입니다. 일반적으로 액체 질소의 끓는점인 절대온도 77K보다 높은 온도에서 초전도 현상을 보인다면 고온초전도체로 구분됩니다.
- 영화 <백 투 더 퓨처 2>와 <백 투 더 퓨처 3>에서 개인용 이동 수단으로 사용된 공중부양 보드입니다. 바퀴가 없는 스케이트보드와 비슷한 모양이죠.

는 열기가 뿜어져 나오는 고온의 환경에서 구현이 된다고 합니다. '도대체 어느 장단에 맞춰 춤을 춰야 된다는 말이지?'라는 불만이 꿈틀댔지만 얼마 가지 않아 이것이 해프닝이었다는 게 밝혀졌습니다. 이 위대한 돌연변이 왕께서 그들이 적어 놓은 단어에 두 개의 괄호가 생략되었다는 사실을 알아낸 것입니다. 생략된 표현들을 추가해서 다시 적으면 다음과 같습니다.

(이전보다) 고온(의 영역에서 동작이 가능한) 초전도체

현재 인간들은 상대적인 고온의 영역을 지나 상온(영상 20도)의 영역으로 진출하고자 밤낮 없이 연구하고 있습니다. 그들이 성공할지 여부는 사실 미지수예요. 만약 이루어 낸다면 그 주인공은 인간이 아닌 돌연변이일 것이고, 그가 누구이든 나의 뒤를 이을 것입니다. 말하자면 제2의 돌연변이 왕이 되는 거죠. 그 기술을 기반으로 우리 돌연변이들은 이제껏 경험해 본 적 없는 강력한 군대를 조직하여 인간들 위에 군림하게 되겠지요. 하늘을 나는 **호버보드(Hoverboard)**로 무장한 돌연변이 군단을 상상해 보세요. 얼마나 짜릿합니까? 나는 그날이 오기만을 손꼽아 기다립니다.

이것으로 자기장에 대한 기본적인 개념 이해는 어느 정도 되었지요? 그럼 이제부터 본격적으로 지구의 자기장에 대해서 이야기를 나눠 봅시다. 지구를 둘러싸고 있는 자기장은 얼마나 강력한지, 어떤 역할을 해내고 있는지 말입니다. 더 나아가 내가 이것을 어떻게 지배하고 있는지도 알아봅시다. 나의 세상에 온 여러분을 환영합니다.

"Welcome to my electro-magnetic world!"

매그니토의 능력 강화 응용 팁

대기를 지녔던 또 하나의 행성

나의 지구 자기장 활용법을 말하기 전에 옛날이야기를 하나 들려 드릴게요. 무려 42억 년 전의 일인데, 태양을 중심으로 우리 행성 지구의 바로 옆에서 돌고 있는 화성이 주인공입니다.

태초에 화성은 우리 지구처럼 공기와 물이 풍부한 곳이었다고 합니다. 지구 내부의 중력이 공기 분자들을 붙잡아 둔 덕분에 대기권이 존재하듯이 화성에도 '대기'라 일컬어지는 공기 집합체가 있었던 것입니다. 또한 화성은 우주의 다른 별들처럼 내부 깊숙한 곳에 철(Fe) 원자들을 다량 함유하고 있었기에 자기장의 존재는 필연적이었습니다. 그러던 어느 시점에 화성을 둘러싸고 있던 자기의 힘이 약해지더니 거의 사라져 버리는 일이 발생했습니다. 자기력으로 튕겨 내

엑 스 파 일

- 화성의 자기장은 지구의 1/800 수준이고, 중력은 지구 중력의 1/3 수준밖에 되지 않습니다. 대기압 역시 지구의 1/160 수준에 불과합니다.

던 방어막이 걷히면서 태양이 뿜어내는 태양풍, 즉 유해 입자와 전자파들은 그 맹위를 고스란히 대기권에 떨칠 수 있었습니다. 태양풍은 위세가 강력할 때 초당 750킬로미터까지 이동할 수 있다고 하는데요. **지구의 1/3 수준**밖에 되지 않는 중력으로 어떻게 공기 분자들을 붙들어 맬 수 있었겠습니까? 뿔뿔이 흩어지는 건 시간 문제였습니다.

공기를 잃어버린다는 건 호흡이 불가하다는 것과 동시에 추위를 막을 수 있는 능력이 현저하게 떨어지는 것을 의미했습니다. 생명체가 살아남을 수 있는 환경이 아닌 거죠. 이후 화성은 삭막한 땅으로 변했습니다. 열기와 공기를 빼앗긴 그곳은 42억 년이 지난 지금, 물의 흔적을 찾겠다며 꾸준히 우주 탐사선을 보내는 인간들 덕분에 적어도 외롭지는 않을 것입니다. 심지어 인간들은 화성에 인공 자기장을 설치할 야심찬 계획까지 세우고 있다고 들었습니다. 화성에 대기층을 선물함으로써 훗날 지구 못지않은 행성으로 탈바꿈시킬 생각인가 봅니다. 아마도 지구가 위기에 처해 살기 힘든 땅이 되었을 때를 대비하려는 목적이겠죠. 지구를 망쳐 놓은 뒤 화성으로 이주해 또

엑 스 파 일

포톤 에너지라고도 합니다. 광자 에너지는 단일 광자에 의해 운반되는 에너지입니다. 에너지의 양은 광자의 전자기 주파수에 정비례하므로 파장에 반비례합니다. 광자의 주파수가 높을수록 에너지가 높아집니다. 마찬가지로 광자의 파장이 길수록 에너지는 낮아집니다.

다시 망쳐 놓고, 화성까지 망하면 그다음 목적지는 어디가 될까요? 역시 인간들은 내 기대를 저버리지 않습니다. 공생이라는 개념을 갖고 있지 않은 유일한 생명체들이죠. 그렇기에 나는 더더욱 저들을 응징하려 합니다. 인간들이 우리의 지배 아래 머무르게 될 때 비로소 세상엔 평화가 찾아오리라 확신하니까요.

보세요! 자기장이 없으니 태양의 **광자 에너지**로부터 본체를 보호할 수 없고, 이는 소멸이라는 극단적인 결과를 낳았잖아요? 나는 지구의 자기장을 컨트롤해 외부로부터 가해지는 힘을 방어할 수 있도록 지구 곳곳의 자기력을 증대시킬 수 있습니다. 나야말로 이 행성의 수호자요, 살아 있는 방어막인 셈입니다.

더욱이 지금이 어느 때입니까? 인간 과학자들은 하루가 멀다 하고 지구를 둘러싸고 있는 자기장의 세기가 감소하고 있다고 열변을 토하고 있습니다. 내가 없다면 그로 인한 피해는 어떻게 보상할까요? 내 이야기가 피부에 와 닿지 않는 듯하니 예를 들어 설명해 보겠습니다.

지구 자기장이 꼭 필요한 이유

2009년 12월, 슬로바키아의 신경 전문의 미첼 코바치 박사가 아주 놀라운 이야기를 전해 줬습니다. 지구의 자기장이 감소하는 바람에 동물들의 피해가 속출하고 있다는 내용이었습니다. 그런데 그는 자신이 말한 동물의 범주 안에 인간도 포함되어 있다고 밝혔어요. 어디 인간뿐이겠어요? 그들과 한 끗 차이밖에 나지 않는 우리 돌연변이도 당연히 그 범위 안에 속해 있었습니다.

미첼 코바치 박사가 밝힌 연구 결과는 충격적이었습니다. 뇌혈관이 막히거나 파열되어 발생되는 장애, 즉 뇌졸중 환자 6100명의 의료 기록을 분석해 보았더니 환자 수가 갑자기 늘어난 시점이 있었다는 것입니다. 다름 아닌 태양의 **흑점** 폭발이 잦았던 해였다고 하는데요. 이로써 지구 자기장이 약해져서 태양으로부터 나온 유해 인자들이 인간의 건강을 위협할 수 있다고 주장했습니다. 하지만 사람들은 추측일 뿐이라며 그의 주장을 무시했습니다. 그런데 최근 150년간 자기장의 세기가 무려 10퍼센트가량 감소했다는 발표들이 종종 나오는 걸 보면 완전히 터무니없는 주장이라 여기기엔 다소 무리가 있어 보입니다. 자기장의 감소는 비단 인간의 건강만 해치는 게 아닙니다. 지구에서 발생하는 지진과 화산 폭발, 기후 변화까지 관여한다는 게 과학자들의 공통된 의견이죠.

엑 스 파 일

태양 표면에 보이는 검은 반점입니다. 광구에 나타나는 현상으로, 광구의 온도보다 2,000℃ 정도 더 낮기 때문에 검게 보이죠. 모양은 거의 둥글고 길이는 수백에서 수만 킬로미터에 이르며, 증감의 주기는 약 11.1년입니다. 지구의 기온이나 기후에 영향을 줍니다. 태양 흑점이라고 부르기도 합니다.

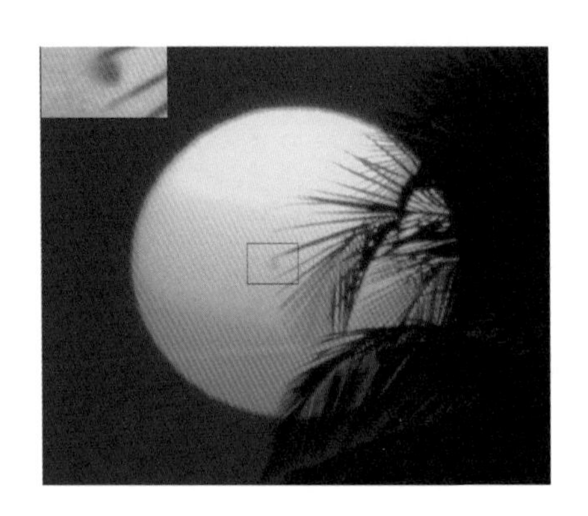

➡ 맨 눈으로 본 태양의 흑점.

내 시각으로 우주를 보자면 태양은 '초대형 자석'이고 지구는 '소형 자석'입니다. 아무리 내 입맛에 맞게 주변 정리를 해 놓아도 나보다 센 놈이 나타나 이것저것 참견한다면 사물들의 배치는 달라지게 마련이죠. 우주도 딱 그렇습니다. 상식적으로 접근해 보더라도 태양의 기분에 따라 좌지우지되는 지구의 모습을 쉽게 떠올릴 수 있잖아요? 소형 자석의 N극과 S극에 해당되는 위치인 극지방에서 꾸준히 드리워지는 빛의 커튼 **오로라**(aurora)가 좋은 예입니다. 인간들은 태양의 흑점 폭발이 평상시보다 강력할 때 하늘에 드리워진 빛의 커튼이 위세를 더해 자신의 본거지였던 극지방을 벗어나 슬금슬금 내려온다는 사실도 두 눈으로 확인했습니다. 대표적인 예가 1859년에 일어난 역대급의 흑점 폭발 일명 **캐링턴 사건**입니다. 당시 흑점 폭발은 물론 강력한 자기 현상인 **태양 플레어**까지 동반되어 지구 자기장을 어지럽혔고, 그 결과 카리브해 인근을 대낮처럼 환하게 해 준 초강력 오로라 커튼이 쳐졌다고 합니다. 만약 그때의 지구 자기장이 지금의 수준(대략 90퍼센트)이었다면 어땠을까요? 그 당시 가해졌던 엄청난 규모의 공격을 받아 낼 수 있었을까요? 2012년에도 그에 버금가는 공격이 있었습니다. 세상에 태양의 포화가 떨어지기 직전 간발의

엑 스 파 일

- 오로라는 주로 극지방에서 초고층 대기 중에 나타나는 발광(發光) 현상입니다. 태양으로부터의 대전 입자(帶電粒子)가 극지 상공의 대기를 이온화하여 일어나는 현상으로, 빨강 · 파랑 · 노랑 · 연두 · 분홍 따위의 색채를 보입니다.
- 1859년 8월 29일부터 9월 2일까지 태양의 수많은 흑점을 비롯한 태양 플레어가 관측된 사건을 말합니다. 당시 대규모의 태양풍 폭발 현상과 함께 역사상 최대 규모의 지자기 폭풍(지구 자기장의 일시적 혼란)을 초래했습니다. 극지방에서만 발견되던 오로라가 전 세계에서 발생한 건 물론이고, 유럽과 북아메리카 전역에서 전신 시스템이 마비됐으며, 일부에서는 전기 충격을 받았다는 기록도 남아 있습니다.

차이로 공격 범위에서 벗어났기에 망정이지 아차 하는 순간 지구상에 또 한 번의 대재앙이 찾아올 뻔했습니다. 물론 그런 일이 벌어지면 내 능력이 허락하는 한 최선을 다해 막아 보려 했을 테지만 결과는 아무도 장담할 수 없습니다. 어쩌면 지구의 미래가 더는 존재하지 않았을지도 모르지요.

이제 여러분도 내 말뜻을 이해하겠지요? 지구의 자기장이 약해진 지금 호모 사피엔스를 비롯한 지구의 생명체들이 믿을 것은 오직 나 매그니토뿐이라는 사실 말입니다. 그러니 나에게 감사하는 마음을 갖길 바랍니다. 나는 돌연변이 중에서 자기장을 다스릴 수 있는 유일무이한 초강력 존재니까요. 아, 물론 나란 존재의 탄생을 예상한 영리한 호모 사피엔스가 하나 있긴 합니다. 바로 영국의 찰스 다윈(Charles Darwin, 1809~1882)이죠. 놀랍게도 그는 역대급의 태양 공격이 쏟아지던 1859년 그해에 『종의 기원*The Origin of Species*』이란 책을 출간했습니다.

나와 같은 돌연변이들이 세월이 지나 새로운 종으로서 자리매김하게 될지도 모른다는 다윈의 예언과 역사상 최강의 지구 자기장 교란 현상이 같은 해에 일어났다니, 이런 기막힌 우연이 어디 있겠습니까? 신은 내가 태어나리라는 사실을 미개한 인간들에게 알려 주고 싶었나 봅니다.

빛나는 나의 업적

나는 자기장, 특히 지구 자기장을 컨트롤함으로써 수많은 부수적인 효과들을 누렸습니다. 그것은 때때로 인간들을 향한 공격의 수단이 되기도 했고, 인간들로부터 내 몸을 보호하기 위한 방어막으로 작용하기도 했습니다. 대표적인 것 몇 가지만 소개해 볼게요.

첫째. 여러분이 이미 알고 있는 것처럼 나는 금속 성분의 사물을 마음껏 주무를 수 있습니다. 말 그대로 '주무를 수' 있어요. 인간들이 만들어 낸 샌프란시스코의 대표 건축물 금문교를 휘고, 꼬고, 늘렸던 적이 있습니다. '그까짓 게 뭐라고!' 하실 분들을 위해 금문교의 무게를 살짝 언급하자면 자그마치 88만 톤입니다. 88만 톤은 중력을 이겨 내고 성인 남자 10,000,000명 이상을 공중으로 부양시킬 수 있는 거대한 힘이지요.

둘째. 날아오는 총알을 멈추게 하고, 수십 발의 미사일의 방향을 정반대로 바꿔 주인에게 돌려주기도 했습니다. 심지어 철 화합물에 존재하는 쓸데없는 결합을 끊고 순수한 철 원자들을 얻어 낼 수도 있습니다. 인간의 피에 들어 있는 철분 역시 내가 사용할 수 있는 도구에 지나지 않습니다. 나에게 철(Fe), 니켈(Ni), 코발트(Co)와 같은 **강자성체**를 다루는 일은 그야말로 기본 능력 중에서도 기본입니다. 손바닥을 펼쳐 그 주변에 외부 자기장을 인가하면 내부의 자성 성분들이 내가 원하는 방향으로 정렬하고, 이후 외부 자기장을 끊어도 한 동안 그 방향성을 유지합니다. '말 잘 듣는 강자성체는 제멋대로인 인간들보다 낫다'는 게 내 생각입니다.

그럼 여기서 퀴즈. 과연 내 말을 듣는 이들이 강자성체뿐일까요? 그럴 리가요. 나는 **상자성체**라는 고집쟁이들도 어느 정도 컨트롤할 수 있습니다. 힘이 좀 들어서 그렇지 그들에게도 분명 내 영향력이 먹히긴 합니다. 알루미늄(Al)이 대표적이죠. 나는 평상시보다 힘을 몇 배로 써서 잠깐이나마 이들의 고집을 꺾어 왔는데 그것으로 충분히 만족합니다. 굳이 말 안 듣는 상자성체를 쓸 필요가 있나요, 세상에 널린 게 말 잘 듣는 강자성체들인데 말입니다.

반자성체라는 녀석들도 마찬가지입니다. 인간들이 초전도체로 쓴다고 했던 녀석인데, 이들 역시 내 말을 안 듣기로 유명합니다. 더욱이 이들은 나를 향해 '다가오는' 게 아니라 나에게서 '멀어지는' 특성도 보입니다. 무슨 말이냐고요? 초전도체가 자석을 공중 부양시켰던 걸 떠올려 보세요. 대표적으로 금(Au), 은(Ag), 구리(Cu)가 나에게서 멀어지는 금속들입니다. 금속이 아닌 것 중에는 물(H_2O)이 그렇고요. 하지만 나는 나 싫다고 멀어지는 녀석들도 꾸준히 품으려고 노력했습니다. 그러나 모든 게 내 뜻대로 되지는 않았습니다. 지구상 대부분의 물질인 반자성체는 강자성체, 상자성체와는 달리 힘을 주면 줄수록 멀어져 갔는데요. 인내심이 극에 달한 바로 그 순간 나는 그

엑 스 파 일

- 강자성체란 외부에서 강한 자기장이 걸렸을 때 자기장의 방향으로 강하게 자성을 띠게 된 뒤, 외부 자기장이 제거되더라도 자성이 그대로 남아 있는 물질을 말합니다. 이 물질은 자석에 달라붙는 특성을 보이며 철, 니켈, 코발트 및 이들의 합금이 대표적입니다.
- 상자성체란 외부에서 강한 자기장이 걸렸을 때 자기장의 방향으로 자성을 띠긴 하지만, 강자성체의 경우보다는 그 정도가 다소 약한 물질을 말합니다. 외부 자기장이 제거되면 다시 원래의 상태로 되돌아간다는 특성을 보입니다. 이 물질에 걸리는 자성은 외부 자기장이 강할수록, 외부 온도가 낮아질수록 강해지는데요. 알루미늄, 주석, 백금, 이리듐을 포함한 금속과 공기와 같은 기체도 이에 해당됩니다.
- 반자성체란 외부에서 강한 자기장이 걸렸을 때 자기장과 정반대의 방향으로 자성을 띠는 물질입니다. 자석에 붙지 않는 거의 대부분의 물질이 반자성체에 해당됩니다. 금, 은, 구리, 납, 수은 등의 금속 원소와 물이 이에 해당됩니다.

들의 밀어내는 힘을 내 입맛에 맞게 이용하기로 마음먹었습니다. 그들이 나를 밀어내는 힘을 극대화하면 내 몸을 공중으로 띄울 수 있다고 생각한 거죠.

내 예상은 정확히 들어맞았습니다. 지각에 포함되어 있는 수많은 반자성체들이 내 몸을 들어 올렸고, 그 높이는 내가 얼마나 힘을 쓰느냐에 달려 있다는 것을 알게 되었습니다. 마침내 하늘까지 진출

한 나는 돌연변이의 왕이라 불리기에 전혀 부족함이 없게 되었습니다. 나머지 사소한 능력들은 다음과 같습니다.

- 산에 있는 금속 성분을 이용해 산을 통째로 뽑아버릴 수 있습니다.
- 지구 지각을 붕괴시킬 수 있습니다.
- 지진을 멈출 수 있습니다.
- 행성 전체 전자기장에 변화를 일으켜 파괴할 수 있습니다.
- 전자기 폭풍을 부를 수 있습니다.
- 중력을 컨트롤합니다.
- 철분을 컨트롤하여 피의 흐름을 제어할 수 있습니다. 이는 곧 치유 능력으로 이어집니다.
- 전자기 방어막으로 상대방의 광전자 에너지 공격을 무력화할 수 있습니다. 덕분에 나는 '진 그레이'의 폭주에도 살아남을 수 있었습니다.

나에 대한 소개가 어느 정도 마무리되어가고 있는 지금. 불과 얼마 전까지 말 많고 탈 많은 어벤져스 1기 멤버들을 이끌던 주요 인물이자, 캡틴 아메리카와 대립각을 세우며 한 축의 계파를 이끌었던 아이언맨이 문득 떠오릅니다. 엔지니어로서의 자긍심은 물론, 무한에 가깝던 그의 재력과 능력은 많은 인간으로부터 환호성을 이끌어내곤 했지요. 그래요. 그의 영향력만큼은 충분히 인정합니다. 내가 돌연변이들의 리더인 것처럼 그 역시 평범한 인간들의 리더인 셈이죠.

만약 내가 돌연변이가 아닌 평범한 인간의 모습이었다면? 분명 나는 아이언맨의 수많은 추종자 중 한 명이 되었을 거예요. 물론 이런 말도 안 되는 상황은 일어나지 않겠지만요. 아이언맨과의 만남 자체가 불가능한 일일 테니까요. 복잡한 저작권 문제는 둘째치더라도 디즈니의 영화 제작자들은 기본적으로 엑스맨과 어벤져스의 만남, 특히 나와 아이언맨의 만남 자체를 원치 않을 것이 분명합니다. 왜냐고요? 디즈니 내부에서 이제껏 힘들게 쌓아온 아이언맨의 최상급 이미지를 포기할 수 없을 테니까요. 생각해보세요. 다소 생소하게 느껴졌던 아이언맨이라는 캐릭터를 평범한 인간들의 뇌리에 각인시키는 게 어디 보통 일이었겠습니까?

어벤져스 1기들의 모임이 마무리된 지 한참 지났음에도 여전히 층이 두터운 팬덤을 유지하고 있는 아이언맨이기에 나의 지금 이러한 발언들이 평범한 인간들에게는 다소 어이없고 황당하게 들릴지 모르겠습니다. 내 입사 지원서를 읽어내려가고 있을 인사팀 직원들 또한 평범한 인간들일 테니 지금 나의 발언들이 이내 헛소리로 받아들여질 것이고, 나의 입사 가능성을 떨어뜨리는 결정적인 요소로 작용할 수도 있겠네요.

하지만 나는 이러한 생각에 확신이 있습니다. 나의 이전 소개 자료들을 통해 이제껏 나의 전자기 제어능력들을 간접 체험해온 여러분이 아닙니까? 여러분도 분명 나의 주장을 강하게 반박하지는 못할 것입니다. 제아무리 강한 기계를 만든 토니 스타크라 하더라도 그는 그저 '아이언(iron, 철)'을 다루는 능력이 출중한 인간일 뿐입니다. 제아무리 신의 손을 가진 그였다 하더라도 그가 다룰 수 있는 건 기껏해야 철의 변형품이 전부였지요. 자석에 쉽사리 쩍쩍 달라붙곤 하는 '철'을 다루는 아이언맨이 전자기를 다루는 매그니토를 상대할 수 있을까요? 가당치도 않습니다.

만일 그의 이름이 아이언맨(iron man)이 아닌 스틸맨(steel man)이었다면 나의 지금 이야기는 달라질 수 있습니다. 스틸(강철)이라 함은 철이라는 순물질이 자력이 매우 약하거나 혹은 아예 없는 물질들과의 만남을 통해 얻어진 혼합물의 형태가 아니던가요? 설령 그렇다 하더라도 내부에 잠재된 전자기력까지 끌어내는 데 도가 튼 나에게는 감히 대적할 수 없을 테지만요.

지금 나의 주장들은 다음의 세 문장으로 깔끔히 정리해볼 수 있습니다.

첫째, 우리가 사는 지구, 아니 전 우주를 통틀어 나의 전자기 제어능력이 미치지 않는 곳은 결코 있을 수 없다.

둘째, 아이언맨은 한낱 우주의 먼지에 지나지 않는다.

그러므로 나의 전자기력은 아이언맨의 숨통을 쥐고 흔들 수 있을 만큼 강력하다.

이상입니다.

돌연변이여 영원하라

희망 업무

신입 사원으로서 회사에서 부여한 업무에 충실하겠지만, 아니 충실하도록 노력하겠지만, 내가 참아낼 수 없는 일은 웬만하면 시키지 않길 바랍니다. 나는 애송이들과 비교되는 걸 정말 싫어하거든요.

얼마 전 다른 회사에 면접을 보러 갔던 일이 떠오릅니다. 면접관은 내 지원 서류를 끝까지 읽지 않고 나를 다른 돌연변이들과 동일시하는 실수를 저지르고 말았습니다. 몸을 단단한 금속으로 바꾸고 불을 내뿜으며 바람을 일으키고 물을 얼리는 조무래기들과 말입니다. 지옥이라 일컬어지는 나치의 강제 수용소 생활도 꿋꿋이 버텨낸 나를 감히 이제 막 초능력을 쓰기 시작한 풋내기들과 비교하다니요! 나는 참을 수가 없었습니다.

무시와 괄시로 점철된 내 인생에 또 한 번의 태클이 들어온 순간, 나는 폭발해 버렸습니다. 전자기 폭풍을 일으켜 건물을 송두리째 날려 버렸고, 면접관들 몸속에 흐르는 피의 흐름을 컨트롤하여 그들을 지옥의 입구까지 데려다 주었습니다.

다시 한 번 말하지만, 이 회사에 입사하게 된다면 모든 일을 해낼 각오는 되어 있습니다. 단, 이 명제는 회사가 나를 다른 애송이들과 비교하지 않는다는 전제 아래서만 참이 될 수 있습니다. 조심스레 요청하는 바입니다만, 부디 돌연변이의 왕인 내 심기를 건드리지 않길 바랍니다.

장래 포부

포부를 밝히기에 앞서 내 취미를 먼저 이야기하고 싶습니다. 내 취미는 체스 두기입니다. 하지만 내가 흥미를 느끼는 포인트는 인간들과 다릅니다. 인간들은 자신의 전략이 먹혀 들어갔을 때 짜릿한 기분을 느끼지만(그래서 체스 놀이를 빙자한 전쟁놀이에 심취해 있는 것 같다), 나는 단지 체스 판의 흑백 대비를 즐기기 위해 체스를 둡니다. 상대는 흑, 나는 백. 상대는 어둠과 절망, 나는 빛과 희망. 흑백의 대비가 일반인과 우리 돌연변이들 간의 차이를 나타내는 듯해서 마음에든 것입니다. 적어도 체스 판 위에서는 그들과 융합하려고 노력하지 않아도 되니까요. 더욱이 그들을 지배하기 위해 룩, 비숍, 나이트, 폰은 물론 퀸과 킹까지 내 마음대로 주무를 수 있으니 얼마나 유의미한 놀이입니까? 나는 수중의 전사들을 이용할 때 인간들처럼 오로지 킹을 잡는 데만 목표를 두지 않습니다. 천천히, 야금야금 그들을 밑바닥부터 점령한 다음 마지막 남은 말, 킹을 따냈을 때 비로소 임무를 종료합니다.

체스는 나를 세상의 지배자로 만들어 주는 조력자요, 체스 놀이는 인간 절멸이라는 현실 세계에서의 과업을 대신 이뤄 줄 수 있는 출구입니다. 나는 이 세상의 주인으로서 군림하는 그날을 손꼽아 기다리고 있으며 그날을 맞이하기 위한 준비를 차근차근 해 나가고 있습니다.

Nr. 3
성명
사이클롭스
특징
천연 레이저 보유

entry number 3

아이언맨의 리펄서 빔에 당당히 맞서다

사이클롭스

세상엔 좋은 뮤턴트와
나쁜 뮤턴트가 있다.
자신이 뮤턴트라는 걸
싫어하는 자들도 있다.
힘에 뒤따르는 큰 책임 앞에
등을 돌리는 자들이!

엑스맨의 진정한 리더

나는 휴먼 뮤턴트의 전설입니다

나의 본명은 스콧 서머스(Scott Summers)입니다. 하지만 주변에서는 대개 사이클롭스(Cyclops)라 불러요. 내 이름을 한번 읽어 보시겠어요? 어떻게 발음하는가에 따라 당신의 출생지를 대략 가늠해 볼 수 있습니다. 영어권 국가 출신들은 '사이클롭스'라 읽고, 그리스 토박이들은 '키클롭스'라 발음하지요. 사실 이는 고대 그리스어 'Κύκλωψ'이 알파벳을 만나 그 형태가 변형된 케이스입니다. 'Κύκλ'는 동그란 원을 의미하고, 'ωψ'는 눈을 뜻한다고 하는데요. 영어로 바꾸면 'cycle'과 'ops'입니다. 그러니까 'cyclops'란 동그란 눈을 가진 외눈박이 거인을 지칭합니다.

⬆ 오딜롱 르동의 키클롭스.

내 이력서를 받아 든 채용 담당자가 고대 문학작품 깨나 읽어 본 사람이라면 나의 이름이 그리스 로마 신화에 등장하는 외눈박이 거인부족의 명칭이라는 사실을 이미 눈치챘을 것입니다. 풍문에 의하면 대지의 신 가이아와 하늘의 신 우라노스 사이에서 태어난 외눈박이 삼형제가 키클롭스 부족의 시초였다고 하는데, 사람을 먹고 양을 기르며 대장일에 능했다죠. 그들 가운데 폴리페모스가 오디세우스에게 눈을 찔려 맹인(盲人)이 된 이야기가 유명한데요. 그들은 뛰어난 대장장이로 광석을 용광로에 넣고 녹여서 금속을 분리하고 추출하여 정제하는 이른바 '금속 제련'에 능했습니다. 그리스 시인 헤시오도스는 자신의 저서 **『신들의 계보』**에서 그들이 제우스의 번개 공격이 가능하도록 도왔을 뿐 아니라, 포세이돈에게는 삼지창을, 아폴론에게는 활을, 그리고 아테네에게는 갑옷을 만들어 주었다고 전했습니다. 토르에게 스톰 브레이커라는 새 망치를 쥐어 준 대장장이 에이트리가 떠오르는 순간입니다.

이 내용을 보면, 그리스 로마 신화는 키클롭스의 손에서부터 만들어졌다고 해도 과언이 아닌 것 같습니다. 내가 이끌던 돌연변이 모임 '엑스맨'도 마찬가지입니다. 찰스 교수님이 멤버를 구성하긴 했지만, 진짜 리더는 나였죠. 그리스 로마 신화에 키클롭스가 있다면 엑스맨에는 사이클롭스가 있습니다. 그리고 우리 둘 모두 'cyclops'라는 공통분모를 가지고 있습니다.

잠깐 가족 이야기를 할게요. 내가 줄곧 사랑해온 여자는 단 하나 진 그레이뿐입니다. 지금은 비록 나를 떠났지만, 내 마음속에는 여전

엑 스 파 일

'신통기'라고도 부릅니다. 세계의 창조, 올림포스 신의 계보, 신들의 탄생과 그들의 지배권, 신들의 자손 계보 등의 이야기를 다룹니다. 모두 1,200행으로 되어 있는데, 특히 프로메테우스와 판도라 이야기에 대한 가장 오래된 문헌으로 꼽힙니다.

히 남아 있습니다. 나는 그녀가 내 곁을 맴돌면서 우주를 떠도는 피닉스가 되어 버렸다고 믿습니다. 진을 잊지 못했던 나는 그녀와 꼭 닮은 매들린 프라이어를 배우자로 삼았는데, 그녀 역시 돌연변이였습니다. 진을 향한 내 순애보를 견디지 못한 탓에 흑화한 불쌍한 여인이었지만, 사실 나와 그녀 사이에는 아이가 하나 있었습니다. 아이의 이름은 네이든 크리스토퍼 찰스 서머스입니다. 어릴 적 나를 괴롭히던 녀석의 이름과 똑같죠. 나를 증오한 매들린이 지어 준 이름이었으니 그럴 수밖에 없습니다.

〈데드풀2〉에서 최강 빌런으로 활약하다가 막판에 돌아서 버린 케이블을 기억하세요? 그가 바로 유일한 내 혈육인 네이든입니다. 내가 기억하는 네이든은 어린아이의 모습이지만 〈데드풀2〉에서는 꽃중년의 외모를 지니고 있더군요. 온몸이 기계로 변하는 병에 걸린 그를 의료 기술이 발전한 미래로 보낸 건 내 탓이지만, 그곳에서 당당히 히어로로 자리매김한 뒤 현실 세계로 돌아온 것은 내 아들의 힘이었습니다. 데드풀과 어깨를 나란히 하는 히어로가 되어 나타난 나의 아들……. 아들이 언젠가 나를 찾아오면 참 좋겠습니다.

알래스카 앵커리지 출신인 나는 어린 시절 공군 소령이었던 아버지 밑에서 자랐습니다. 가족 여행 도중 외계 우주선의 공격을 받아 우리 가족은 뿔뿔이 흩어졌는데, 그 당시 입은 뇌손상으로 나는 1년 동안이나 혼수상태에 빠져 있었습니다. 이후 고아원 신세를 지게 된 나에게 사춘기 무렵 원인 모를 두통과 안구 통증이 찾아왔어요. 눈이 막 번쩍이기도 했습니다. 덕분에 나는 보통 아이들이 다니는 일반 학교엔 다닐 수 없었고, 차츰 사회와 멀어졌습니다.

그런 나에게 따스한 손길을 내밀어 준 사람이 바로 찰스 자비에 교수님이었습니다. 그의 우산 속으로 걸어 들어간 나는 자비에 영재 학교의 학생이자 찰스 교수님의 믿음직스런 피후견인으로 자랐지요.

스마트한 후배를 양성하고 싶다

이력서를 써 보겠다고 결심한 뒤 나는 곰곰이 생각해 보았습니다. 이미 상급의 돌연변이로서 이름을 떨치고 있었고, 단 한 번도 리더의 자리에서 내려온 적이 없는 내가 아니었던가 말입니다. 찰스 교수님이 안 계실 땐 아이들을 직접 가르치고 지휘하는 게 나의 일이었습니다. 말 안 듣기로 유명한 울버린마저 내 명령에는 꼼짝 못 했으니 긴 말이 필요 없겠지요? 적어도 내가 보기엔 그렇습니다. 물론 여기엔 루비 안경을 투과해 들어온 이미지들이 왜곡되지 않았다는 전제가 붙지만 말입니다.

신입의 자세와 마음가짐으로 이력서를 쓰고 있는 내 자신이 문득 한심해 보이긴 합니다. 돌연변이들을 일사분란하게 이끌던 이 사이클롭스가 채용 담당자에게 잘 보이려고 굽실대며 이력서를 쓰다니요. 자존심 상하는 일이 분명합니다. 나에게는 이 행성의 절반을 날려 버릴 만한 힘, '옵틱 블라스트'도 있는데 말이지요.

하지만 지금은 불행하게도 '리즈 시절'이 아닙니다. 나를 포함한 1세대 돌연변이들은 어느새 뒷방 늙은이 신세가 되어 버렸고, 나보다 강력한 혹은 나보다 리더십 있는 친구들이 연일 앞 다투어 등장하고 있는 상황이니까요. 나는 주제 파악을 못 하는 인물로 기억되고 싶지 않습니다. 그래서 돌연변이들 앞에 서서 지휘봉을 휘두르던 모습 따위는 잊기로 했습니다. 대신 후학들을 양성하기로 결심했죠. 이 회사가 내 미래의 꿈을 실현시켜 줄 것이라 확신합니다.

행동하지 않는 지식은 무용지물

『톰 소여의 모험』을 쓴 유명한 소설가, 마크 트웨인의 말을 인용하겠습니다.

"교육이란 알지 못하는 바를 알도록 가르치는 것이 아니라, 사람들이 행동하지 않을 때 행동하도록 가르치는 것을 의미한다."

요즘 내 머릿속을 강타한 생각과 정확히 맞아 떨어지는 말입니다. 나는 엑스맨 1세대로서의 내 경험을 바탕으로 많은 이들을 올바른 방향으로 인도하고 싶습니다. 그리고 돌연변이와 인간들이 공존하는 평화로운 삶을 지향합니다.

눈싸움 종결자

살아 있는 빛 옵틱 블라스트

나는 눈에서 강력한 에너지 광선을 방출시킬 수 있습니다. 엄밀히 말하면 '방출시킨다'는 표현보다 '방출된다'라는 표현이 더 옳습니다. 애석하게도 에너지 광선을 내 의지대로 컨트롤할 수 없기 때문입니다. 이 능력은 어릴 적 뇌손상으로 인해 생긴 것인데요. 의지와 상관없이 눈을 뜨고 있는 동안, 정확히 표현하자면 15분 동안, 에너지가 마구 뿜어져 나오는 것입니다. 하지만 안구 건조가 찾아오기 직전에 눈을 감아 버리니, 15분이라는 시간도 그다지 의미 있는 수치는 아니지요.

스펙상으로 내 광선의 영향력이 미칠 수 있는 거리는 600미터이며 직선뿐 아니라 곡선으로의 방출도 가능합니다. 빛을 이용하다 보니 빔이 날아가는 속도가 빛의 속도와 동일한데요. 더 나아가 적을 추적하는 능력도 갖추고 있습니다. 한마디로 나의 옵틱 블라스트는 살아 있는 빛이자 온전히 **충격에너지**로의 변환이 가능한 이상적인 살상 무기인 셈입니다.

일반적인 과학 상식을 가진 이들이라면 에너지 변환 과정에서 상당량의 쓸모없는 열이 방출된다는 사실을 잘 알고 있을 겁니다. 그렇기 때문에 영구기관이란 것도 이론적으로 존재할 수 없는 환상의 물건으로 인식되잖아요? 하지만 나의 옵틱 블라스트는 물리학계의 상식을 깨고 에너지 변환 효율 100퍼센트를 달성했습니다. 빛에너지 전부를 충격에너지로 변환시키는 데 성공했다는 뜻입니다. 말이 되지 않는다고요? 잊지 마세요. 나는 마블이 탄생시킨 가상의 캐릭터입니다. 어느 정도의 가정을 동반한 상상력은 오히려 사람들을 불러 모으기 마련이죠. 많은 이들이 나를 옆 동네의 슈퍼맨이라는 작자와 비교한다고 들었습니다. 그 역시 눈에서 광선이 뿜어져 나온다는 이유 때문입니다. 하지만 어느 정도 눈썰미가 있는 사람이라면 그와 나의 차이점을 단번에 알아차릴 것입니다. 그도 분명 빛에너지를 충격

엑 스 파 일

물질을 파괴하는 데 필요한 에너지로 '충격량'과 같은 말입니다. 크기와 방향을 가지며, 물체가 받은 충격량은 물체의 운동량의 변화량과 같습니다.

에너지로 변환시키기는 하지만, 그의 빛은 안타깝게도 에너지 변환 효율이 현저히 떨어집니다. 대부분의 빛에너지가 '쓸모없는' 열에너지로 변해 빠져 나간다는 뜻입니다.

그는 자신의 열에너지를 적극 활용해서 상대방을 공격하지만 이는 어쩌다가 얻어걸린 공격법일 뿐이에요. 열로 변환된 에너지를 버리자니 아깝고, 아쉬운 대로 공격용으로 사용해 보자는 일종의 꼼수에 불과합니다. 따라서 공언하건대 사이클롭스는 에너지 변환 효율 100퍼센트를 이루어 낸 유일무이한 히어로임을 밝힙니다.

아이언맨의 리펄서 빔?

나의 능력에 비견할 만한(?) 타인의 무기에 대해 이야기를 시작한 김에 마블 내에 존재하는 또다른 능력자의 강력한 무기에 대해서도 한마디 언급해 보려고 합니다. 그는 자신의 히어로 능력을 앞세워 최근 10여년 간 지구에 닥친 대부분의 위기 상황에 성공적으로 대응해 왔다는 점을 인정받아 지구인들의 무한 신뢰를 받으며 어벤져스의 주요 캐릭터로서 자리매김한 인물입니다. 그렇습니다. 잘생긴 외모와 화려한 언변, 천재적인 머리와 신의 손까지 소유한 토니 스타크, 아이언맨입니다. 이러한 아이언맨의 능력에 대해 이러쿵저러쿵 뒷담화를 할 수 있는 인간은 사실 이 지구에 존재하지 않습니다. 나 같은 돌연변이 초능력자들 중에서도 몇 안 되지요. 눈빛만으로 주변을 제압하는 나와 전자기파를 맘대로 주무르는 매그니토 정도일까요?

눈에서 광선을 뿜어내는 초능력자이자, 엑스맨의 리더인 나조차도 '아이언맨의 뒷담화'가 부담스러운 것은 마찬가지입니다. 나에게 향할 비난의 화살들이 뻔히 보인단 말이지요. 주위로부터 쏟아지는 뜨거운 눈빛에 그만 타버릴지도 몰라요. 모든 지구인들을 나와 같은 옵틱 블라스터로 만들었다고 자비에 교수님에게 온갖 핀잔을 들을 수도 있는 노릇입니다.

하지만 나는 당당히 아이언맨의 뒷담화를 실행할 생각입니다. 내 자신의 합격률을 높이기 위해서라면 그 어떠한 어려움이라도 헤쳐나갈 마음의 준비가 되어 있으니까요. 휴우. 그럼 시작해 볼까요?

나는 그동안 토니 스타크가 만들어 낸 궁극의 무기이자 〈아이언맨 2〉(2010)에서의 천재 과학자 빌런인 이안 반코도 차마 만들어 내지 못한 리펄서 건 (repulsor gun)에 대해 주의 깊게 살펴왔고, 나의 옵틱 블라스트보다 다소 수준이 떨어진다는 결론에 이르렀습니다. 이렇게 생각하게 된 가장 큰 이유는 리펄서 건과 옵틱 블라스트의 사용 목적 차이에 있습니다. 모두가 이미 잘 알고 있다시피 아이언맨의 리펄서 건은 작용과 반작용, 즉 밀어내는 능력을 주요한 특징으로 합니다. 본인이 공중 부양을 할 목적으로 만든 장치에서부터 비롯되어 점차 진화되어 온 장치이니까요. 마치 로켓의 추진 장치처럼 말이에요. 비록 토니 스타크가 자신의 리펄서 건이 어떠한 재료들로 구성돼 있고, 그 제작과정이 어떠한지 일반에 전혀 공개한 바가 없기 때문에 알 수 있는 건 기껏해야 리펄서 건의 능력치와 성능이 전부입니다만, 우리는 로켓의 추진 장치를 떠올리며 리펄서 건이 포함하고 있는 내용물들을 충분히 유추해 볼 수 있습니다.

로켓이 추진력을 얻기 위해서는 추진제라는 혼합물이 반드시 필요합니다. 이 추진제를 구성하는 주요 재료는 연료와 산화제이며, 외부에서 산소가 공급되지 않는 상황에서도 연소될 수 있도록 시스템이 디자인되었지요. 연소되는 과정에서 생성된 다량의 기체들이 좁다란 노즐을 통과해 나오면서 강력한 폭발을 일으키게 되고, 그 힘을 발판삼아 로켓은 앞으로 힘차게 달려나갈 수 있는 것입니다.

또한 이때, 로켓이 추진력을 얻기 위해서는 노즐에서 고압의 기체가 충분히 빠져나올 충분한 시간적인 여유가 필요하고, 이는 곧장 비효율성으로 연결됩니다.

많은 이들이 아이언맨의 리펄서 건이 뿜어내는 추진력을 두고 리펄서 빔 (repulsor beam)이라고 부르더군요. 나는 이 리펄서 빔의 정체가 진정한 빔(광선)이 아닌, 노즐을 통과해 나오는 고압의 연소가스 형태일 것이라고 생각합니다. 아이언맨이 추구하는 최첨단 과학을 상상해 볼 때, 연료와 산화제라는 다소 아날로그적인 재료들과 더불어 노즐이라는 원시적인 장치는 가당치도 않은 게 사실이겠지만, 우리로서는 달리 어찌해 볼 도리가 없습니다. 말 그대로 유추해 볼 수밖에요.

반면 나의 옵틱 블라스트는 어떻습니까? 애초에 추진력을 목적으로 하지 않았기에 압축 기체로 이루어져 있지도 않을 뿐더러, 공격을 위한 준비 시간도 필요치 않으며, 진정한 의미의 광선을 뿜어 대고 있지 않나요? 리펄서 빔처럼 이름만 빔, 무늬만 광선이 아니라는 말입니다.

혹여 리펄서 빔의 정체에 대해 정확히 아는 이가 있거나 나의 주장에 반론을 펼칠 수 있는 인간이 존재한다면 언제라도 주저 말고 제보해 주시기 바랍니다. 그 전까지는 옵틱 블라스트를 리펄서 건과 비교할 때 적어도 효율성 면에서는 한 수 위라는 나의 주장이 유효할 것입니다.

광선 무기의 시초

아르키메데스의 광선 무기에 대해 들어 본 적이 있습니까? 그는 우리가 일반적으로 아는 것처럼 욕조에 몸을 담그고 앉았다가 벌거벗은 채로 뛰어나와 동네방네 "유레카"를 외치고 다니기만 했던 사람

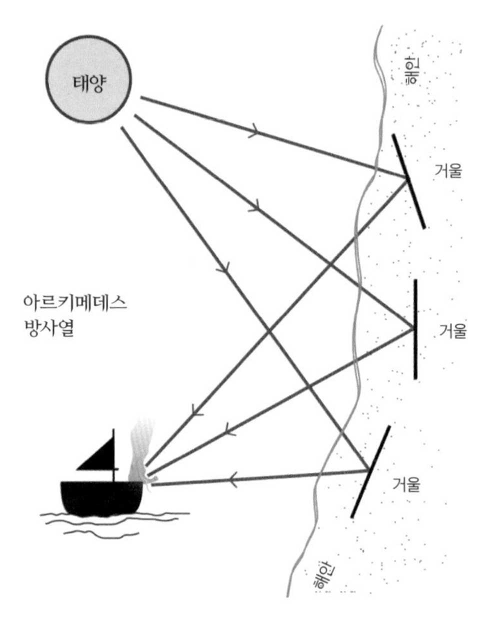

아르키메데스 거울의 원리. 여러 거울에 반사된 햇볕을 적선에 집중하여 불을 붙인다.

이 아닙니다. 그는 기하학에 능통한 수학자이자 기술자였습니다.

기원전 218년에 발발한 제2차 포에니 전쟁에서 아르키메데스는 자신의 고향인 시라쿠사를 로마의 공격으로부터 보호하고자 광선 무기를 선보였습니다. 아마도 이것이 내 공격 무기의 기원이 아닐까 생각합니다. 아르키메데스는 여러 개의 청동 거울을 해안가에 배치함으로써 동시에 햇빛을 모아 로마의 함선에 쏘았는데요. 이 무용담은 얼마나 인상적이었는지 자그마치 2000년이 지난 우리에게까지 전해지고 있습니다. 그런데 사실 이 이야기는 과장되거나 왜곡된 기록에 지나지 않아요. 그를 추종하던 후대의 누군가가 아르키메데스의 명성을 높여 주기 위해 꾸민 일종의 조작극일 가능성이 높다는 뜻입니다. 당시 전투 상황을 재현한 여러 테스트가 나의 의심을 뒷받침해 줍니다.

몇 해 전의 일입니다. 전 미국 대통령 버락 오바마는 디스커버리 채널에서 방영 중인 〈호기심 해결사(Mythbuster)〉에 다음 내용을 확인해 달라고 의뢰했습니다.

"아르키메데스의 광선 무기가 진정 현실성이 있는 것이오?"

그들의 답변은 명쾌했습니다. "No"였지요. 사실 아르키메데스가 벌였다고 전해지는 이 믿지 못할 사건은 그의 사후, 그것도 400년이나 더 지난 뒤의 기록에서 비로소 처음 등장합니다. 즉, 400년 뒤 후대의 누군가가 당시의 기록이랍시고 온갖 상상의 나래를 펼쳐 사실처럼 묘사했을 가능성이 있다는 뜻입니다. 〈호기심 해결사〉의 담당자들 역시 지금의 우리와 마찬가지로 커다란 의구심을 품은 채 실험을 진행했지요. 결론부터 이야기하면, 그들은 전설 속에 등장하는 아르키메데스의 업적을 실제로 구현할 수 있다고 대통령에게 보고했습니다. 단, 극히 까다롭고 제한적인 조건들이 만족됐을 때만 가능하다고 했습니다.

그들은 첫 번째 조건으로서 "엄청난 양의 빛이 공급되어야 한다"고 밝혔습니다. 햇빛이 가장 강렬한 시간대인 한낮조차 대업을 이뤄

낼 만한 양이 아니라는 점을 꼬집었습니다. 혹여 태양이 주먹을 불끈 쥐어 다량의 빛을 쏟아 낸다 하더라도 그 빛의 양이 지속되는 시간이 얼마 되지 않기 때문입니다. 두 번째 조건은 "청동 거울을 들고 있는 이들이 한마음 한뜻으로 같은 지점을 동시에 공략해야 가능하다"는 점입니다. 가만히 멈춰 서 있는 배를 조준하는 것도 어려운데 하물며 사력을 대해 진격하고 있는 목선에 거울로 초점을 맞추는 게 과연 쉬운 일이었을까요? 세 번째 조건은 "배를 성공적으로 불태우려면 열의 흡수 능력이 뛰어난 검은색이어야 한다"는 것입니다. 그런데 과연 로마인들이 자기들 함선을 검은색으로 칠하고 다녔을까요?

가장 결정적인 문제점은 청동 거울의 재질에 있었습니다. 아무리 표면을 매끈하게 만든다고 해도 재료의 특성상 청동은 빛의 반사 능력이 크게 떨어집니다. 우리가 매일 보는 유리 거울을 생각하면 절대 안 됩니다. 우리가 사용하는 현대의 거울은 빛을 최대한으로 반사시키기 위해 뒷면에 알루미늄 반사막을 코팅한 것입니다. 알루미늄은 한마디로 전 범위의 반사가 가능한 물질입니다. 빛 반사 잘 시키기로 유명한 은도 알루미늄에게 밀리는 판이지요. 반면, 청동의 주재료인 구리는 어떨까요? 우선 구리의 붉은 빛깔부터 문제입니다. 효율성에 대한 첫 번째 답이 될 수 있어요.

일반적으로 금속은 표면을 두둥실 떠다니는 자유전자들 덕분에 전기가 통할 뿐만 아니라 대부분의 빛을 다시 튕겨 내어 반짝반짝

빛이 납니다. 이 말은 곧 자유전자를 갖고 있는 금속이라는 존재는 빛을 반사시킬 수밖에 없다는 뜻입니다. 그런데 이렇듯 반짝거리는 금속 무리 중에 간혹 자신의 개성을 표출하는 녀석들이 있습니다. 그들은 남들이 보여 주는 평범하고 일관된 회색 빛깔과 달리 형형색색인데요. 바로 금과 구리가 그 주인공입니다. 게다가 그들은 성격마저 특이했어요. 전자를 가지되 남들과는 다른 곳에 놓아두기를 좋아했고, 그곳에 놓인 전자들의 위치를 바꿈으로써 특정 에너지를 흡수하고 또 방출시켰습니다. 이 에너지는 특정한 빛깔을 띠는 가시광선의 모습으로 우리에게 전해졌는데, 노란 빛깔의 금과 붉은 빛깔의 구리는 독특한 개성을 가진 존재이자 금속계의 이단아였습니다. 나와 같은 돌연변이들이라 할까요? 과학자들은 그들만의 이러한 특성을 '상대론적 효과(relativistic effect)'라 불렀습니다.

빛과 파장 영역

채용 담당자들의 이해를 돕고자 쉬운 예를 하나 찾아보았습니다. 여러분에게 익숙한 면접장에서의 모습입니다. 면접장에 온 지원자들의 이력은 매우 다양할 겁니다. 학점도 마찬가지겠죠? 인사 담당자들이 나름대로 거르고 거른 점수는 3.0이 커트라인입니다. 3.0에서 4.5(일부 학교는 4.3)까지죠. 인사팀은 서류 전형을 통과한 이들의 학점 평균을 계산했습니다. 3.0과 4.5의 중간 값으로 어림잡아 계산해 보니 3.7~3.8입니다. 모든 지원자들은 인풋(input)으로서 4.5에 부합되는 수업을 듣고 평균 3.7~3.8이라는 아웃풋(output)의 결과 값을 얻었습니다.

가슴 졸이는 시간이 지난 뒤 마침내 최종 합격자가 결정되고, 회사에선 이들을 모아 놓고 신입사원 환영회를 열었습니다. 인사팀 사람들은 좀 심심했던 모양입니다. 최종 합격자들이 신나게 노는 동안 이들의 학점 평균을 계산해 보았는데요. 평균이 4.0~4.1으로 급상승했습니다. 왜 이렇게 평균값이 올라갔냐고요? 그야 뭐 학점 낮은 이들이 전부 집으로 돌아갔기 때문입니다.

입사 지원자들의 상황을 빛의 파장과 비교해 봅시다. 서류전형에 통과한 빛들은 여러 파장(학점)의 빛이 공존하는 이른바 백색광(white light)입니다. 그런데 채용 과정에서 상대적으로 낮은 파장(학점)의 빛이 불합격 판정(전자에 의해 흡수됨)을 받았습니다. 최종 합격한 빛들은 상대적으로 높은 파장(학점)을 가진 지원자뿐이었습니다. 그들의 파장으로 평균을 내어 보니 이전보다 급상승했어요. '금' 회사와 '구리' 회사는 커트라인을 어디에 두었는가 하는 점에서만 차이가 날 뿐, 두 회사 다 최종 합격자들(상대적으로 높은 파장의 빛)을 자신의 회사 대표 선수로 삼은 셈입니다.

구리는 파랑~초록색을 나타내는 파장의 빛을 흡수하고 나머지 영역의 빛깔만 남겨 놓았습니다. 우리의 둔감한 시각은 이들 중에서 **가시광선**을 잡아내 그 소식만 뇌에 전달했고, 전후 사정을 모르는 우리의 뇌는 '구리는 붉은 빛깔의 금속이다'라고 인지할 수밖에 없었던 거죠. 둔한 눈과 불쌍한 뇌가 합심하여 내린 결론이라고 할까요? 푸르스름한 빛깔이 도는 청동이라고 해서 별로 다르지 않습니다. 세부적인 합격 커트라인만 옮겨졌을 뿐이에요. 특정한 **파장 영역**의 빛을 흡수시킨 덕분에 남은 빛들의 반사광만 볼 수 있는 것은 마찬가지죠.

반면 '알루미늄' 회사는 입사 지원자들에게 가장 이상적인 곳입니다. 합격 커트라인을 두지 않았기 때문이에요. 따라서 이 회사의 서류전형을 통과한 이들의 학점 평균이나 최종 합격한 이들의 평균은 거의 동일합니다. 들어오는 빛들은 그 파장이 어떻든 죄다 반사시켰거든요. 다시 말해 학점이 낮다고 집에 돌려보내는 일은 채용 프로

엑 스 파 일

사람의 눈으로 볼 수 있는 빛을 말합니다. 보통 가시광선의 파장 범위는 380~800나노미터(nm)입니다. 등적색, 등색, 황색, 녹색, 청색, 남색, 자색의 일곱 가지가 있는데요. 다른 동물들도 눈으로 빛을 보지만 사람의 가시광선 영역과는 다른 파장을 받아들입니다. 벌과 같은 곤충은 꿀을 가지고 있는 꽃을 찾는 데 유용한 자외선을 볼 수 있다고 합니다. 파장 영역은 전파 따위의 파동이 미치는 범위를 말합니다.

세스상에 아예 존재하지 않았다는 뜻입니다. 이 이야기는 곧 반사되는 빛의 양이 알루미늄의 경우 청동보다 현저하게 높다는 것을 의미합니다. 알루미늄과 구리의 빛 반사 능력은 그 자체로 비교 불가요, 알루미늄의 압승이죠.

2200여 년 전의 아르키메데스가 나와 같은 광선 무기를 실제로 개발하여 사용했는지는 여전히 미지수입니다. 설계만 해둔 건지, 테스트 도중 문제점들이 발견되어 폐기되었는지 알 길이 없습니다. 그러나 사실 여부를 떠나 그는 분명 기하학의 대가였고, 자신의 머릿속에 있는 지식이 주변에 전해지길 바랐을 것입니다. 교육을 통해서 말이에요. 그러한 관점에서 보자면 그는 나와 신념이 같은 인물이었습니다.

옵틱 블라스트의 위력은 레이저 무기에 버금간다

나는 엑스맨 주식회사의 완벽히 투명한 채용 프로세스를 신뢰하며 이와 더불어 채용 담당자들이 뛰어난 인재를 알아보는 돌연변이의 눈을 갖고 있다고 확신합니다. 그렇기에 나 사이클롭스가 서류전형에서 떨어지리라곤 생각하지 않습니다. 나는 당연히 이후 면접 프로세스에 참여하게 될 것이고 결국엔 합격 통보 문자를 받게 되겠죠.

언제부터인지 모르지만 나는 이러한 자신감 덕분에 주머니에 항상 빨간 레이저 포인터 하나쯤을 넣어 두는 게 일상이 되었습니다.

빨간 레이저가 방출된다는 결과물만을 봤을 때 나의 옵틱 블라스트와 레이저 포인터의 빛은 큰 차이가 없는지도 모릅니다. 내가 광학무기를 사용하는 당사자가 아니었다면 나 역시 그렇게 생각했을 테죠. 원리 따위엔 관심을 두지 않은 채 내 눈 속에 LED 전구들이 무수히 많이 박혀 있는 거라고 믿었을 것입니다. 레이저 포인터의 에너지원이 수은 건전지이듯 옵틱 블라스트의 에너지원 역시 수은이겠거니 오해하지 않은 것만으로도 다행이긴 하지만요. 하하하.

나는 그 어디에서도 내 눈의 비밀에 대해 말한 적이 없었습니다. 어떻게 빛에너지를 만들어내는지, 그 에너지에 어느 정도의 위력이 있는지 말입니다. 건물을 부술 수 있고, 행성의 절반을 날릴 수 있다는 평가는 지금까지 나의 모습을 지켜봐 온 자들의 경험론적인 표현일 뿐입니다. 누가 묻지도 않았는데 굳이 말해 줄 필요도 없고요. 따지고 보면 나 역시 내 몸에 대해 잘 몰랐습니다. 솔직히 말할 자신이 없었고 내 무지가 탄로 나는 것도 원하지 않았죠.

그러던 어느 날, 나는 지상 최대의 병력을 자랑하는 미군의 신무기 소식을 들었습니다. 미 육군이 2022년 말까지 50킬로와트(kW)급의 레이저 무기를 배치할 예정이라는 소식이었죠. RCCTO(미 육군의 급속전력 및 중요기술 사무국)의 책임자는 레이저 무기를 스트라이

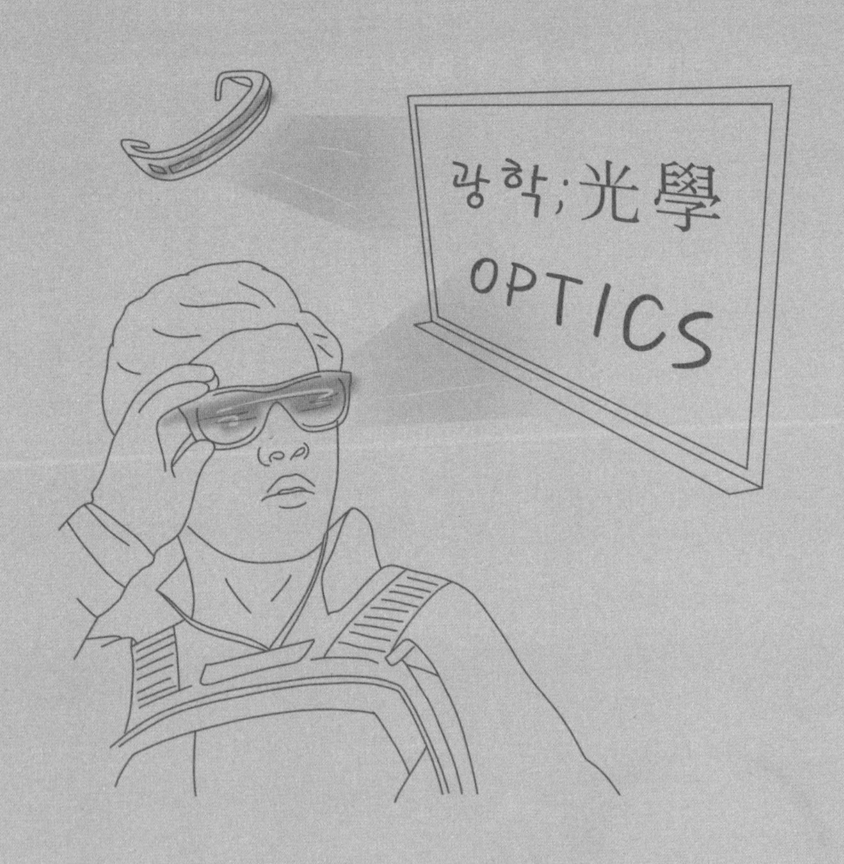
광학;光學
OPTICS

커 장갑차에 탑재하여 이동성을 높일 것이라고 말했습니다. 또한 레이저 장갑차를 총 네 대 준비하고 있다고도 밝혔죠. 더욱이 미군은 50킬로와트의 규모를 넘어선 100킬로와트급 레이저 무기 또한 개발 중이라고 했는데요. 향후 250킬로와트급과 300킬로와트급의 배치가 목표인 그들에게 50킬로와트급과 100킬로와트급이 과연 성에 찰까요?

미 육군은 이미 2017년 5킬로와트급 이동식 고에너지 전술 레이저(MTHEL)를 선보이면서 세상을 한 차례 깜짝 놀라게 했던 전적이 있습니다. 현재의 50킬로와트급 레이저 무기에 대한 배치 계획은 그들의 레이저 연구가 아직도 무탈하게 진행 중이라는 사실을 방증할 겁니다. 당시 그들은 5킬로와트급의 레이저 무기만으로 소형 무인기 64대를 격추시키는 성과를 보였지요. 미 육군뿐만이 아닙니다. 덩치가 큰 화물은 배로 운송하는 것이 가장 쉬운 법! 미 해군 역시 '레이저 미사일 시스템(LaWS)'이라는 이름으로 자체 무기 개발에 나섰습니다. 그들은 2017년 중동 걸프만에 출동한 상륙함에 레이저 미사일 시스템을 세계 최초로 탑재하기도 했는데요. 관련 영상이 CNN에 공개되기도 했습니다. 그들도 육군과 마찬가지로 레이저의 위력을 높이기 위해 고군분투 중이라는 말은 덤으로 붙입니다.

하지만 이에 비해 내 주머니 속의 필수품이자 빨간 광선을 뿜어내는 레이저 포인터는 출력 에너지 값이 불과 수십 밀리와트(mW)밖에 되지 않습니다. 에너지 출력량이 무려 백만 배의 차이를 보이는 이 둘(레이저 무기와 레이저 포인터)을 비교하는 건 그야말로 개미와 인간과의 덩치를 비교(부피 비)하는 것만큼 허무한 일이지요. 다시 말해, 나의 유일한 공격 무기인 옵틱 블라스트는 내 주머니 속의 필수품인 레이저 포인터보다는 미군의 레이저 무기에 더 가깝다고 여겨집니다. 결론이 이렇게 내려진 마당에 지금부터는 나의 옵틱 블라스트와 미군의 레이저 공격무기를 동일시하려 합니다. 혹여 내 몸속에서 흘러나오는 빛에너지의 근원과 경로가 밝혀진다면 모를까, 지금으로선 가정하는 것이 최선입니다.

최종 병기 레이저 빔

광학자로서 미래를 준비하다

자, 이제 나의 합격 가능성을 높이기 위한 작업을 진행해 보겠습니다. 이미 짐작하시겠지만, 엑스맨으로 대변되는 우리 돌연변이에 대한 관심도가 예전 같지 않습니다. 원작을 훼손한 건 둘째치고서라도 시리즈마다 감독이 바뀐 것이 가장 큰 실수였는데요. 따라서 요즘 같은 비수기에는 대부분의 돌연변이가 집에서 빈둥거리거나 적으나마 돈을 벌어 보겠다고 소일거리에 집중하고 있습니다. 〈엑스맨 탄생: 울버린(2009)〉에서 이미 우리 돌연변이들의 소소한 돈벌이 작업을 목격했을 겁니다. 누군가는 도박판에서 마법을 부려 가방에 돈을 쓸어 담았고, 누군가는 서커스장에서 전구의 빛을 깜빡이며 어린아이들의 코 묻은 돈을 가로챘어요. 또 누군가는 짐승의 힘을 빌려 목수로 활동했고요. 모두 눈앞의 현실만을 좇아 생계를 이어 나갔습니다.

나는 그들과 다릅니다. 나는 언제 찾아올지 모를 나의 밝은 미래를 위해 열정과 시간을 쏟아 붓고 있습니다. 미군이 계획하고 있는 미래 무기에 대한 연구 동향을 파악하는 동시에 내적으로 광학 지식을 채워 나가는 중이죠.

내 몸에 대한 궁금증만으로도 도서관의 광학 코너를 섭렵할 수 있겠지만, 나는 교육자로서의 미래 모습을 상상하며 매일같이 광학 전문 서적을 끼고 지냅니다. 이슈에 따라 관심이 달라지고 의도치 않던 행운이 찾아올지도 모르는 게 세상 이치가 아닙니까? 또 하나, 긍정적인 미래란 준비된 자에게만 허락되는 법이죠. 나는 그때를 기다리며 조용히 미래를 대비하고 있습니다.

그동안의 공부를 통해 나는 내 무기가 교육용 레이저 포인터와 같은 듯 다르게 보이지만 실은 원리가 같다는 사실을 깨달았습니다. 나는 이 원리를 통해 내 루비 안경, 일명 '바이저'를 어떻게 디자인해야 되는지 깨닫게 되었는데요. 지금부터 이 모든 것을 소개하겠습니다. 회사에 합격하기 위해서라면 기꺼이 심장도 꺼내 보여 줄 수 있는 터에 그깟 내 눈의 원리 하나쯤 밝히는 건 어려운 일이 아닙니다. 좀 더 쉽게 설명하기 위해 이번에도 직원 채용이 한창인 어느 회사의 면접장으로 떠나 보겠습니다.

유도 방출이란 무엇일까?

"다음 지원자 들어오세요."

이 한마디가 들릴 때마다 지원자들의 심장은 쫄깃쫄깃해지고 입술도 바싹바싹 타들어 갑니다. 조만간 본인의 차례가 오리라는 걸 알기 때문이죠. 면접 대기실을 메운 지원자들은 두 부류입니다. 준비를 단단히 해서 자기 순서가 빨리 오길 바라는 부류와 급히 준비하느라 이것저것 신경 쓰지 못해서 혹여 교감 신경계가 폭주하여 면접장에서 객사하지나 않을까 걱정하며 도망갈 기회를 엿보는 이들이죠.

이 조마조마한 상황에서 뒤늦게 M씨가 대기실 문을 열고 들어왔습니다. 그는 두 부류 중 도망가길 희망하는 쪽의 인물로 보여요. 주변을 급히 스캔한 후 자신의 주제를 파악했는지 이내 마음을 정리합니다. 자신이 결코 합격자 명단에 들 수 없겠다고 확신한 순간, M씨는 놀랍게도 '면접비나 받아가지 뭐'라고 마음먹습니다. 그러고는 시간을 절약했다는 기쁨과 자신의 현명함에 크게 감동하면서 방금 들어왔던 문을 박차고 유유히 나가 버렸습니다.

그런데 문제는 지금부터입니다. 오자마자 나가 버린 M씨와 같은 마음을 가진 사람들이 흔들리기 시작한 거예요. 순식간에 대기실 문 앞이 붐비게 되었습니다. '면접비나 받아 가자'는 지원자들이 줄을 서기 시작한 겁니다. 세상에, 전체 지원자의 반이나 되는 사람들이 줄을 섰군요.

지금까지 말씀드린 내용이 바로 1917년 천재 물리학자 아인슈타인이 발표한 **유도 방출** 이론의 현실 버전입니다. 결론부터 말하자면 레이저(LASER; Light Amplification by Stimulated Emission of Radiation)라는 기술, 아니 '현상'은 광자의 유도 방출에 힘입은 결과물이라는 뜻입니다. 풀네임을 우리말로 번역해 보자면 '유도 방출(stimulated emission)에 의해 얻어진 빛의 증폭(light amplification)' 정도 되겠군요. 참, 이름 하나는 기가 막히게 지었다는 생각이 들지 않아요? 문구에 핵심 단어들이 전부 들어 있는 건 물론이고, 발음마저 고급스럽게 들립니다.

역시 예나 지금이나 인간들은 말 만들어 내기를 엄청 좋아하는 모양입니다. 하긴 말 잘 만드는 이들이 능력 있다고 인정받는 세상이니 오죽하겠어요? 우리 같이 평범한 사람들은 그들이 만든 말을 잘 써 주기만 하면 됩니다. 그것이 말 만든 이들에 대한 예의이기도 하죠. 또한 평범한 우리는 세부 이론을 파헤치는 것보다는 그들이 만든 이론을 잘 해석하고 파악하면 될 것입니다. 말이 나온 김에 레이저라는 이름을 다시 한 번 파 봅시다.

앞서 이야기한 대로 여기에는 두 가지 핵심어가 들어 있습니다. '유도 방출'과 '빛의 증폭'입니다. 유도 방출이란 물체(원자)에서 빛이 튀어나오긴 하는데, 자기가 알아서 스스로 내보내는 게 아니라 누군

엑 스 파 일

- 유도 방출이란 외부의 자극(빛)에 의해 물체 내부에서 동일한 크기와 방향을 갖는 에너지(광자)가 방출되는 과정을 뜻합니다. 이 과정에서 물체 내에 존재하는 전자는 보다 안정한 상태로 자리를 변경합니다. 이름 하여 에너지 준위의 천이(transition)가 일어나는 것입니다.
- 공명이란 물체가 갖는 고유 진동수와 같은 진동수의 외부 힘이 주어졌을 때 주기적으로 영향을 미쳐 진폭이 크게 증가하는 현상을 말합니다.

가에게 등 떠밀려 나오는 상황을 의미합니다. 빛의 증폭이란 말 그대로 튀어나오는 빛의 양(세기)이 늘어났다는 뜻이고요. 한마디로 정리하면 "누가 등을 떠밀다시피 해서 빛이 튀어나왔는데, 그 양이 평상시보다 많더라" 하는 것입니다.

그럼 평상시란 어떤 상태를 말하는 걸까요? 가만히 내버려 두어도 알아서 튀어나온다는 말일까요? 그렇습니다. 과학계에서는 이를 두고 '자발 방출(spontaneous emission)' 혹은 '자연 방출'이라 부릅니다. 면접 대기실에 M씨가 들어와 굳이 불을 지피지 않았어도 나갈 이들은 결국 언젠가 나간다는 뜻입니다.

유도 방출에서 중요한 점은 M씨가 지핀 '불씨'에 있습니다. 과학자들은 이를 전문 용어로 **공명(resonance)**이라고 부릅니다. M씨의 마음과 남아 있는 이들의 마음이 같았고 서로 동조했기에 상당수가 면접장엔 들어가지도 않은 채 면접비만 받고 귀가할 수 있었던 것입니다. 그런데 이는 사실 그다지 현실성이 없습니다. 여러분도 채용을 업으로 삼으니 나보다 더 잘 이해하시겠죠? 마음에 동요가 생길 수는 있지만 실행에 옮기는 사람은 별로 없을 거란 뜻입니다. 기껏해야 한두 명일까요? 아니, 그것도 힘들 겁니다. 유도 방출도 마찬가지예요. 보통 5퍼센트라고 이내라고 알려져 있습니다.

레이저 빔의 비밀을 파헤쳐라

자, 아직 할 말이 많이 남아 있으니 다시 M씨가 나타났던 면접장으로 가 봅시다. 호기롭게 면접비를 받아 문을 박차고 나가긴 했지만 M씨에겐 막상 할 일이 없었습니다. 따라 나오는 이들이 좀 있었다면 같이 술이나 한잔할 수 있을 텐데 등 뒤로 굳게 닫힌 문은 좀처럼 열리지 않습니다. M씨는 고민에 빠졌습니다. '집으로 갈까?' '조금 더 기다려볼까?' 한동안 기다렸지만 인기척이 없자 M씨는 특단의 조치를 취했습니다.

그가 선택한 방법은 '다시 들어가기'였습니다. 남아 있는 사람들의 마음에 2차, 3차 불씨를 지피려는 계략이었는데요. 이 상황은 유도 방출을 극대화하길 원하는 물리학자들의 계획과 동일합니다.

과학자들은 먼저 두 개의 거울을 준비했습니다. 거울 두 개를 서로 마주보게 세팅한 뒤 그 사이에 유도 방출이 가능한 물질을 놓아두었습니다. 그러고 나서 공명을 줄 수 있는 외부 에너지를 물질에 주입합니다. 어떻게 될까요? 답은 면접 대기실에 또 다시 쳐들어갔던 M씨의 경우에 나와 있습니다. M씨는 운 좋게도 자신의 동지를 찾았고, 두 명으로 늘어난 공명 전달자들은 합심하여 남은 이들을 유혹했지요. 셋으로 늘어난 집단은 곧이어 넷, 다섯, 여섯⋯⋯ 꾸준히 늘어났는데요. 늘어나는 속도는 점점 빨라졌습니다.

첫 번째 원자에서 튀어나온 두 개의 광자는 앞에 놓인 거울에 맞고 다시 튕겨 나와 다른 원자들과 마주하게 되고, 각각의 광자는 또 광자를 두 개씩 생산해냈습니다. 두 개가 네 개가 되고, 네 개는 여덟 개가 되며, 여덟 개는 열여섯 개로 부풀려진 것이지요. 즉, n번 만나면 2의 n제곱으로 광자 방출량이 늘어난다는 뜻입니다. 어떤 수의 제곱을 가리키는 '지수'. 그런데 이 지수 함수라는 게 말이 쉽지 정말 무서운 수식입니다. 금융계에서 말하는 복리의 마법, 즉 월급을 차곡차곡 집에 쌓아놓으면 안 된다는 교훈은 지수 함수를 바탕으로 한 대표적인 경우인데요. 예를 들어 주식장에서 상한가(30퍼센트 기준) 세 번이면 원금의 두 배를 넘어서고, 다섯 번이면 원금의 네 배가 눈앞에 보이며, 열 번이면 원금의 열네 배에 이릅니다. 나는 월급을 단

레이저 포인터적색(635 nm), 녹색(520 nm), 청색(445 nm)).

천문학자들이 초대형 망원경(VLT) 중 하나인 예푼을 이용해 은하수 중심을 관측했다. 당시 예푼의 레이저 빔이 남쪽 하늘을 가로지르며 지구 중층권 고도에서 인공별을 생성했다(2010년 8월, 칠레).

한 차례 넣었을 뿐인데, 1년 만에 24개월 치의 월급이 되어 돌아오는 셈이지요. 물론 행운의 신이 강림하시지 않고서야 불가능한 일이지만요.

과학자들은 이런 일이 유도 방출의 세상에서는 충분히 가능하다고 생각했습니다. 레이저 업자들도 마찬가지고요. 그래서 두 개의 거울 사이에서 본인과 똑같이 생긴 자손들이 두 명씩 2대, 3대, 4대 연속적으로 태어나고 있는 것입니다. 그 결과 대기실을 가득 메운 공명 전달자들은 그 수를 주체할 수 없을 만큼 늘어나고 동시에 성격과 추구하는 가치관마저 같은 광자들과 함께한 덕분에 극강의 파워를 손에 넣을 수 있게 되었습니다. 그런데 이때 미처 생각하지 못했던 사소한 문제가 하나 발생합니다. 강해진 빛에너지가 빠져나갈 출구가 도무지 보이지 않았다는 것입니다.

두 개의 거울 사이에서 계속해서 탄생한 광자들은 한정된 공간에서 세력을 키워 나가지만, 정작 자신의 힘을 발산할 곳이 없는 셈이죠. 한없이 강해지는 빛에너지를 제때 빼내지 못한다면 어떤 일이 생길까요? 거울 감옥이 버텨 낼 수 있는 수준을 넘어선다면요? 쾅! 쨍그랑! 펑! 증폭된 에너지는 이내 폭발로 이어질 수밖에 없습니다. 코너에 몰린 쥐는 고양이를 문다잖아요. 불쌍한 쥐를 위해서 숨통이라도 트여 줘야죠. 고심 끝에 물리학자들은 거울 감옥에 두 개의 거울 중 하나를 부분 투과 거울로 만들었습니다. 거울 감옥 안에서 간혀 있는 광자들에게 빠져 나갈 최소한의 통로를 마련해 준 겁니다. 그동안 좁은 감옥 안에서 고생하며 울분을 키워 가던 광자들을 위해 몇 개의 바람 통로를 뚫어 준 셈인데요. 이로써 광자들이 넓은 세상에 발을 딛게 되었습니다.

이 모습을 보며 뿌듯하게 미소 짓던 인간들은 이를 일컬어 **레이저 빔**이라면서 유도 방출이 일궈 낸 빛의 증폭 현상을 찬양했습니다. 확실하지는 않지만 내 눈의 망막은 이러한 형태를 이루고 있을 것 같습니다. 남들의 평범한 수정체와는 달리 나의 수정체는 유도 방출이 가능한 물질로 구성되어 있으며, 이 물질들은 몸속 어딘가에서 방출된 광자를 받아들임으로써 여분의 광자들을 만들어 냈던 게 아닌가

엑 스 파 일

레이저(laser)는 유도 방출 광선 증폭(light amplification by the stimulated emission of radiation)의 머리글자입니다. 원자나 분자 내부에 축적된 에너지를 집약적으로 뽑아내는, 긴밀히 결합된(응집력 있는) 광선이죠. 전형적인 레이저 광은 단색, 즉, 오직 하나의 파장이나 색으로 이루어집니다. 일반적으로 레이저 빔은 가늘고 퍼지지 않습니다. 반면, 백열전구와 같은 대부분의 광원은 결이 맞지 않는 수많은 빛을 넓은 파장 범위에서 넓은 면적으로 방출하지요. 레이저의 파장은 매질 등의 구성요소에 의해 정확하게 정해지는데요. 매질에 따라 아르곤에서는 푸른색, 이산화탄소에서는 무색(적외선), 루비에서는 붉은색의 레이저가 방출됩니다.

싶습니다. 불의의 사고와 관계없이 애당초 나의 눈은 이런 구조였던 모양입니다. 아니, 이것이 바로 나의 운명이었던 겁니다. 결국 내가 할 수 있는 것은 방출되는 광자의 양을 컨트롤하는 일밖에 없습니다. 루비 바이저를 통해서 말입니다.

폭주를 막을 수 있는 필수품

나의 공격 무기인 레이저 빔, 그리고 이를 이루고 있는 광자. 왜 나는 방출되는 광자의 양을 루비로 조절하게 된 걸까요? 내 안경의 역사는 어린 시절 병원에서 만났던 한 의사의 코멘트에서부터 시작됐습니다. 그는 내 눈에서 강한 빛이 뿜어져 나온다는 사실을 깨닫고 이를 제어하는 방법을 찾던 중 루비가 적합하다는 걸 발견했습니다. 그러고는 루비로 만든 안경을 나에게 씌웠어요.

그런가 보다 하면서 무의미하게 지나친 세월이 10여 년. 내 눈의 원리를 탐구하던 나는 드디어 그날의 선택이 일어나게 된 배경, 의사가 왜 그런 재료를 가져왔는지 알게 되었습니다. 네, 이것은 순전히 유도 방출의 효율성과 연관된 이야기입니다.

유도 방출이 가능한 물질은 크게 고체와 기체로 나뉩니다. 또한 이 물질은 다른 기준을 가지고 둘로 나뉘는데, 전자의 기분이 업(up)

되는 단계가 세 개인지 네 개인지에 따라 **3준위 물질**과 **4준위 물질**로 구분됩니다. 만약 돌연변이들끼리 올림픽을 치른다고 할 때, 3준위 물질은 금/은/동메달이 존재하는데 이에 맞춰 기분 상태가 상/중/하로 나뉘고, 4준위 물질은 동메달 밑에 참가상이 하나 더 있어 기분이 네 단계로 나뉘는 것과 같습니다.

이제 금/은/동 시스템 혹은 금/은/동/참가상 시스템에서 기분이 달라지는 프로세스를 살펴볼게요. 열심히 경기를 치른 당신은 심사위원들로부터 극찬을 받았습니다. "이 정도면 금메달감이야" "자네가 받지 않으면 누가 금메달을 받겠나?" 하는 식의 온갖 칭찬이 날아들었지요. 자연히 기분은 최고입니다. 별 탈이 없으면 금메달을 받겠거니 믿고 있던 그때, 누군가의 기록이 당신의 기록을 넘어서고 말았습니다. 당신은 순식간에 은메달 후보로 떨어져 버렸어요. 어이없지만 어쩌겠습니까? 심사위원들이라고 해서 이렇게 될 줄 누가 알았겠어요? 당신은 '그래, 2등이 어디냐. 1등이나 2등이나'라면서 자신을 위로합니다. 그와 더불어 '오랜 시간' 이러한 순위권을 유지하고 있던

엑 스 파 일

전자가 존재할 수 있는 위치를 '에너지 준위'라 부릅니다. 3준위 물질과 4준위 물질은 이 에너지 준위가 3개 있느냐, 4개 있느냐를 뜻합니다.

당신에게 '은메달 유력'이라는 딱지가 붙었습니다. 그렇게 경기가 끝나갈 무렵, 청천벽력과 같은 소식이 들어옵니다. 당신이 다시 3등으로 밀린 거예요. 1등에서 2등으로 떨어질 때와는 차원이 다른 충격이 밀려옵니다. "메달 색깔이고 뭐고 이러다가 메달 자체를 못 따게 되는 거 아니야? 이 사기꾼 같은 심사위원들 같으니라고. 나를 호구로 봤어? 도저히 못 참겠다. 다른 놈들이 치고 올라오기 전에 경기를 마무리 지어야지. 그만! 그만 좀 나와! 여기까지!"

당신은 이성의 끈을 놓아버리고 에너지를 뿜어내기 시작했습니다. 그때 잠시 자리를 비워 상황 파악이 안 된 심사위원 하나가 급히 착석하며 한마디 덧붙입니다. "역시 자네가 최고야! 넘버원!" 마침내 당신은 돌아버리고 말았습니다. 이후 당신은 퇴장 판결을 받으며 경기의 결과와는 전혀 상관없는 일반인의 처지로 전락해 버렸죠. 네, 이 이야기는 광자가 방출되는 조건을 설명하고 있습니다. 두 번째 에너지 준위에서 세 번째 에너지 준위로 전자가 떨어지는 순간, 그 에너지 차에 해당하는 광자가 방출된다는 뜻입니다.

3준위, 4준위의 레이저 발진 모두 은메달 후보에서 동메달 후보로 떨어지는 순간 이루어집니다. 금메달 후보에서 은메달 후보로 떨어지는 건 금방이지만, 은메달 후보에서 동메달 후보로 떨어지는 건 시간이 좀 더 오래 걸리기에 기분이 어중간한 상태가 오랫동안 지속되는 것입니다. 에너지가 높은 상태의 전자들이 에너지가 낮은 상태의 전자들보다 많아지는 희한한 상황이 펼쳐지는 거죠. 물리학자들은 이러한 희한한 상황을 **밀도 반전**이라 불렀고, 이는 유도 방출의 필수 요건으로 받아들여졌습니다.

금/은/동/참가상 시스템의 경우, 금/은/동 시스템보다 밀도 반전이 더욱 잘 일어난다고 알려져 있는데요. 이는 4준위 레이저가 3준위 레이저보다 더욱 효율성이 높다는 것을 의미합니다. 이런 측면에서 봤을 때 내 눈에서 무한정 뿜어져 나오는 강력한 레이저 빔은 아마도 4준위 물질을 거쳐 방출되는 것으로 판단됩니다. 이를 알고 있던 의사가 내 눈이 뿜어내는 광자의 양을 제어하기 위해 보다 효율성이 떨어지는 3준위의 물질을 도입했고, 이것이 바로 루비인 셈이지요. 정확히는 산화알루미늄(Al_2O_3) 속에 소량의 크롬(Cr) 원자들을

엑 스 파 일

일반적으로 낮은 에너지 준위에 존재하는 전자가 높은 에너지 준위에 존재하는 전자들보다 많은 것이 정상입니다. 낮은 에너지 준위라는 게 보다 안정한 상태를 의미하게 때문에 안정한 상태를 갖는 전자들이 불안정한 상태를 갖는 전자들보다 당연히 많은 것이지요. 그런데 만약 두 번째 에너지 준위(상대적으로 높은 에너지)에 있는 전자들이 세 번째 에너지 준위(상대적으로 낮은 에너지)에 있는 전자들보다 많을 경우 '전자의 밀도가 반전됐다'고 표현합니다. 안정한 위치보다 불안정한 위치에 전자들이 많이 포진해 있어야, 즉 전자의 밀도 반전이 있어야 유도 방출이 일어납니다.

억지로 끼워 넣은 인공 루비입니다. 루비는 전형적인 3준위 물질로서 나의 옵틱 블라스트의 강도를 인위적으로 약하게 만들 수 있는 재료입니다.

보다 강함을 원하는 레이저 업계에서는 아무도 이런 비효율적인 배치를 시도하지 않겠지만, 나에게 있어 루비 바이저는 꼭 필요한 도구로 내 주변의 평화를 지키기 위해 어쩔 수 없이 선택해야 했습니다. 나는 공부를 끝마친 지금에서야 비로소 어릴 적 만난 그 의사를 이해할 수 있게 되었습니다. 역시 '교육이 미래'입니다.

돌연변이여 영원하라

희망 업무

나는 눈에서 레이저 빔이 나올 뿐, 남다른 개인기 따위는 없어요. 체술로만 보더라도 일반인들보다 약간 우위에 있는 정도입니다. 이런 내가 지금까지 각종 전투 현장에서 리더 역할을 맡고 있다니, 좀 놀라운가요? 지나온 과거를 뒤돌아볼 때, 전장에서 리더의 지위는 나에게 맞지 않는 옷이었습니다. 그 자리엔 나보다 능력이 출중한 이들이 앉아 있어야 해요. 그 사실을 나는 너무 늦게 깨달았습니다. 공격력과 방어력을 모두 갖춘 울버린이나 상대의 공격이 닿지 못할 환경을 조성할 수 있는 스톰이 리더에 더 어울리죠.

나는 앞서 누차 강조한 바와 같이 교육 현장으로 가길 희망합니다. 그곳에서 싸움꾼이 아닌 교육자로서 제2의 인생을 시작하고 싶어요. 회사의 밝은 미래를 위해서도 꼭 필요한 배치임에 틀림없을 겁니다.

장래 포부

장래 포부라……. 입사가 확정되지도 않은 마당에 장래 포부가 무슨 의미가 있겠습니까만, 합격한다는 가정 아래 생각해 보면, 나는 미래에 이 회사 인재 개발 부서의 리더가 되어 있을 것입니다. 돌연변이들을 각각 목적에 맞게 적재적소에 배치시키는 전문가 말이지요. 그때가 온다면 인사팀에 정식으로 건의할 것입니다. 이력서에 이런 의미 없는 질문을 넣지 말라고요. 도대체 무슨 목적으로 장래 포부 같은 걸 묻는 걸까요?

Nr. 4
성명
스톰
특징
대기 흐름 제어

entry number 4

지구에서만큼은 토르보다 내가 한 수 위!

스톰

“

나는

어느 쪽에서 싸워야 하는지

알고 있다.

”

지구와 소통하는 뮤턴트 스톰

하늘을 날며 바람을 일으키다

'스톰'이라는 돌연변이 이름으로 유명세를 탄 지 오래됐지만, 이렇게 공식적으로 내 소개를 하는 건 처음입니다. 이런 기회를 마련해 준 엑스맨 주식회사에 감사의 말을 전하고 싶어요. 나에 대한 이야기를 솔직하고 담백하게 시작하기 전에 조금 서운했던 옛 감정을 털어낼까 합니다.

내 본명은 '오로로 먼로'입니다. 이력서를 읽고 있을 채용 담당자님에게 두 가지 묻고 싶은 게 있습니다. "나의 본명을 들어 본 적 있나요?" 하는 질문과 "내가 아는 다른 돌연변이들도 이 회사에 지원한 듯한데 그들의 본명을 들어 본 적 있나요?" 하는 것입니다. 만일 당신이 우리 돌연변이들의 일거수일투족을 신경 쓰는 덕후가 아니라면 첫 번째 질문의 답은 "No"일 테고, 두 번째 질문에 대한 답은 "Yes"일 것입니다. 불행하게도 세상은 우리 돌연변이들의 본명엔 관심이 없습니다. 특히 내 본명에는 유독 관심 없어 하더라고요. 단지 능력대로 부르길 좋아하지요. 저를 스톰으로 기억하는 것처럼 말이에요.

여러분의 기억과 달리 나는 결혼한 적이 있습니다. 요즈음 인간 세계의 언어로 표현하자면 '돌싱'이에요. 그런데 영화에서는 마치 내가 미혼인 것처럼 나오더군요. 싱글로 포장해 주니 한편으로 고맙지만 일부러 숨긴 게 아니라는 점을 알아주면 좋겠습니다. 아, 전 남편이 누구냐고요? 그는 나와 달리 이름과 닉네임이 모두 잘 알려진 사람으로 돌연변이가 아닌 인간입니다. 그러나 흔한 인간은 아니에요. 나와 만나 잠시 가정을 이뤘을 때는 왕자의 신분이었고, 현재는 한 왕국을 다스리는 절대자가 되었죠. 바로 티찰라, '블랙팬서'입니다. 이 자리를 빌어 최근 대장암으로 사망한 (고)채드윅 보즈먼(블랙팬서 역)의 명복을 빕니다. 우리 조합은 어벤져스의 검은 표범과 엑스맨의 폭풍이 만난 셈인데, 우리의 행복한 시간은 그리 길지 못했습니다. 엑스맨과 어벤져스 간의 사이가 틀어지면서 우리도 자연스레 인연의 끈을 놓게 되었습니다.

지금은 법적인 가족 관계가 아니지만, 나는 한때 사랑했던 티찰라를 포함한 그의 친구들 어벤져스를 응원합니다. 다른 돌연변이들은 어벤져스가 우리의 인기를 빼앗아 갔다며 배 아파하고 심지어 몇은 몸져눕기도 했지만 나는 그렇게 생각하지 않습니다. 인기란 흩날리는 바람과도 같지 않던가요? 그까짓 바람쯤 내가 눈꺼풀 한 번 뒤집으면 언제든지 불러올 수 있으니 걱정할 게 없습니다. 우리는 돌연변이라는 울타리에 갇혀 인간 세상을 미워해서는 안 됩니다.

사실 진화니 뭐니 이야기하는 것도 모두가 선동입니다. 솔직히 말해서 우리는 진화한 인간이 아닌, 약간의 유전적인 변이를 일으킨 인간일 뿐이에요. 피해 의식에 사로잡혀 세상을 등지면 안 된다는 게 내 개인적인 바람입니다.

나는 현재 찰스 교수님의 뒤를 이어 영재학교를 이끌고 있습니다. 물론 스콧이 함께하기에 가능한 일이지만, 나의 교육자적인 능력이 뒷받침되지 않았다면 어디 가당키나 했을까요? 이 모든 건 찰스 교수님의 교육 덕분입니다. 요즘도 나는 가끔씩 생각해요. 내가 만약 그 당시 찰스 교수님이었다면 한때 도둑이었던 자를 끌어안을 수 있었을까, 하고 말이지요. 몇 번이나 생각해 보았지만 나의 대답은 언제나 "Never"입니다.

나는 남들처럼 소위 잘나가는 학교를 다녀본 적은 없습니다. 물론 일류 석학들이 강의하는 수업을 들어 본 적도 없고요. 하지만 그런 학교를 나오지 않았다고 해서 주눅 들거나 기가 죽지는 않습니다. 나에게는 정성을 다해 모든 것을 가르쳐 주시던 찰스 교수님과 깊은

속까지 터놓고 토론하던 친구들이 있으니 말입니다.

공부 좀 잘한다고 좋은 학교 좀 나왔다고 해서 회사 일까지 잘하는 건 아니지요. 선배나 동료들과의 소중한 추억으로 가슴을 꽉 채운 나야말로 어느 누구보다 강인한 인재입니다. 회사의 미래를 맡길 만한 믿음직스런 인재죠.

뮤턴트와 인간은 함께 행복해야 합니다

며칠 전 나는 우연히 회사의 입사 프로세스가 진행 중이란 소식을 전해 들었습니다. 영재학교의 또 다른 리더인 사이클롭스의 입을 통해서죠. 그는 자기가 엑스맨 주식회사에 이력서를 냈고, 교육을 담당하는 부서로 배치해 주기를 희망한다고 썼다더군요. 나는 정말 깜짝 놀랐습니다. 아무 생각 없이 모터바이크에만 빠져 사는 줄로만 알았던 그가 미래를 준비하고 있었다니! 곧 내 마음속 깊은 곳에서도 무엇인가가 꿈틀거렸습니다.

"내가 저 친구보다 못난 것도 없는데. 나도 이번 기회에 전공 살려서 미래 설계를 해야겠다."

회사에 기여할 수 있는 능력으로 따진다면 나는 절대 그에게 밀리지 않는다고 자부합니다. 둘 다 합격하는 게 가장 좋지만, 만약 인재 교육부서의 여유 자리가 하나밖에 없다면 그곳에는 분명 '스톰'이 라고 적힌 이름표가 놓여 있을 것입니다.

모두 알고 있겠지만, 우리 돌연변이들은 추구하는 가치관에 따라 크게 두 부류로 나뉩니다. 인간과의 상생을 꿈꾸는 쪽과 인간의 멸절을 원하는 쪽으로요. 나는 철저히 전자의 경우에 해당됩니다. 그렇다고 인간들을 마냥 예쁘게 보는 건 아니에요. 역사를 돌이켜 봤을 때 꾸준히 이기적이었고 순수하지 못했던 그들에게 무조건적인 사랑을 베풀어 줄 만큼 나는 너그럽지 않습니다. 이는 내 주변의 다른 동료들도 마찬가지입니다. 인간을 미워하기에 적당한 수만 가지 이유가 있겠지만, 우리는 그들의 이기적인 습성을 단연 첫 번째로 꼽습니다. 내가 하고 싶은 말은 우리가 인간들에게 불만을 가지듯 그들 역시 우리에게 불만을 가질 수 있다는 점입니다.

그러나 인간 중에도 우리 돌연변이 중에도 서로 공생하길 원하는 집단이 분명 존재합니다. 지금껏 우리 두 종족이 살아남았다는 사실이 이에 대한 증거입니다. 따라서 나는 일부 몰지각한 인간이나 돌연변이들의 '제 잘난 맛에 사는 행동'을 거부합니다. 그들의 사고나 행동은 조금도 따라 하고 싶지 않습니다. 이 회사의 채용 프로세스에 논리적인 이성이 존재한다면 회사가 어떤 입장을 선택해야 하는지 잘 알고 있으리라 생각합니다. 나는 인간과의 상생을 위해 최전방에서 싸워 온 몇 안 되는 돌연변이입니다. 단연코 말입니다.

함께 걸어야 오래 간다

“멀리 가려면 함께 가라.”

내가 가장 좋아하는 명언입니다. 어릴 적 외로움에 사무쳐 몸부림치던 그때, 귓가에 우연히 전해진 바람의 속삭임이었습니다. 누가 말했는지 정확히 언제인지 기억하지 못해도 그 말은 나의 인생을 송두리째 바꿔 놓았습니다.

어른이 된 지금 나는 매 순간 내 주변에 그때의 속삭임을 그대로 전해 주고 있습니다.

스톰, 기체를 다스리는 자

공기를 지배한다

나는 공기를 다스립니다. 보다 정확히 표현하자면 대기 중에 존재하는 모든 기체의 흐름을 지배하지요. **〈엑스맨: 아포칼립스〉**(2016)에서 아포칼립스를 만난 뒤 내 안에 잠들어 있던 힘이 증폭되긴 했지만, 사실 이는 전작인 **〈엑스맨: 데이즈 오브 퓨처 패스트〉**(2014)에서 역사가 바뀌었기에 가능한 시나리오일 뿐이었습니다.

나는 모든 돌연변이들이 그러하듯이 태어날 때부터 이렇게 생겨먹었습니다. 어릴 때부터 기체의 흐름을 제어하는 데 능숙했고, 이는 내가 사는 지역의 날씨 변화로 이어졌어요. 나이가 들수록 내 힘은 점점 커졌고, 어느새 지구 단위의 날씨를 변화시킬 만큼 강력해졌습니다. 맑은 하늘에 안개를 불러오는 건 기본 중의 기본이고, 원하는

엑 스 파 일

<엑스맨: 아포칼립스>는 신으로 숭배되었던 최초의 돌연변이 아포칼립스가 네 명의 돌연변이에게 거대한 힘을 건네주며 '포 호스맨'으로 임명한다는 내용이 줄기를 이룹니다. 그들 중 한 명이 바로 스톰입니다.

<엑스맨: 데이즈 오브 퓨처 패스트>에서는 천재 과학자 트라스크가 발명한 센티넬이라는 로봇으로 인해 멸망을 맞이한 미래의 인류가 그려집니다. 미래로 파견된 울버린 덕분에 인류는 멸망에서 벗어날 수 있었는데요. 새로 바뀐 미래에서는 이전과 달리 인간과 돌연변이가 함께 살아갑니다.

곳에다 회오리바람을 일으키는 건 누워서 떡 먹기, 심지어 공기 중의 전자기 현상을 이용해 번개를 치게 만들 수도 있습니다. 나의 전 남편 블랙팬서와 한 팀을 이루고 있는 천둥의 신 토르처럼 말이에요. 토르는 신이기에 가능하다지만, 나는 일개 돌연변이 인간일 뿐인데도 그와 동등한 능력을 가졌다, 이 말입니다.

나는 토르가 갖지 못한 능력도 보유하고 있습니다. 비록 지금까지 영화에서 다룬 적은 없지만 나는 지구의 대기압을 증폭시킬 수 있습니다. 이는 공기 분자 간의 거리를 줄이고 줄여 그 밀도를 극대화시킨 결과였는데요. 목성 수준(지구 대기압의 300만 배)까지도 가능하니 그 강력함이란 이루 말할 수 없을 정도입니다. 한마디로 내 능력은 지구의 대기권과 깊은 관계를 맺고 있습니다. 이제부터 자랑스러운 내 능력을 지구의 대기와 연결시켜 설명하겠습니다.

빈틈을 적절히 파고드는 능력

철없던 어린 시절, 나는 남의 물건을 훔치며 하루하루를 버텼습니다. 주인이 방심한 틈을 타 빵을 훔치고, 더운 날엔 누군가 벗어서 잠시 걸어 놓은 옷가지를 몰래 들고 나오기도 했죠. 시간이 갈수록 나의 손놀림은 빨라졌고 동작도 민첩해졌습니다. 다른 도둑들의 우위에 서는 길만이 내가 안락한 삶을 누릴 수 있는 유일한 방법이라 믿었습니다.

이 글을 읽고 있는 채용 담당자는 어쩌면 혀를 끌끌 차고 있을지도 모릅니다. '교육자의 자리에 서길 원하는 지원자가 도둑놈이었다니' 하면서 말이에요. 사실 나의 과거는 불합격 도장을 받게 만들 사유로 충분합니다. 하지만 약간 억울한 점도 있어요. 어린 시절에 도덕적인 가르침을 받아 본 적이 없었으니 무엇이 옳고 그른지 분별력이 떨어지는 건 당연한 일 아닌가요?

내가 굳이 자신의 흑역사를 들추는 이유가 뭔지 궁금하실 텐데요. 바로 부끄러운 흑역사 속에서 내 능력의 기원을 말할 수 있기 때문입니다. 이른바 '빈틈 공략하기'죠. 다년간 먹은 눈칫밥과 도둑 생활 덕분에 얻게 된 능력입니다.

머리가 굵어가던 어느 날 문득 아이디어가 하나 떠올랐습니다. '내 본연의 돌연변이적인 초능력에 그동안 체득한 빈틈 공략 노하우를 접목해 보면 어떨까?' 하는 것이었죠. 그렇게 하면 분명 지금의 삶보다 훨씬 흥미진진하고 풍요롭게 살 수 있을 것 같다는 확신이 생겼습니다. 그래서 그날부터 본격적인 훈련에 들어갔어요. 내 목표는 공기 분자들 사이의 빈틈을 공략하여 갑작스런 대기의 변화를 이끌어내는 것이었습니다.

고체, 액체, 기체로 구분되는 물질의 세 가지 상태 중에서 분자들 사이사이에 광활한 빈틈을 가지고 있는 것은 기체뿐입니다. 이렇게 각각 떨어져 있는 공기 분자들, 특히 물 분자들을 제어하고 그들 사이의 거리를 조절함으로써 마른하늘에 비가 내리게 하는 법은 물론 안개를 피워 올리는 법까지 터득해 나갔습니다. 오로지 혼자 힘으로 이루어 낸 쾌거였죠. 그런데 참 궁금합니다. 인류 역사상 나와 같은 능력을 지닌 사람이 과연 하나도 없었을까요?

영국 세인트 앤드루 대학의 피터 프로스트 교수는 지금으로부터 1만~1만 5천 년 전 유럽의 북부 지방에서 **금발의 머리카락을 가진 돌연변이**가 태어났다고 말했습니다. 이후 금발의 매력에 취한 주변인들과의 교배가 빈번히 이뤄진 덕분으로 지금 그 지역에는 80퍼센트 이상의 주민이 금발이라고 합니다. 매력이란 것은 자신과 다른 존재, 즉

엑 스 파 일

'남자는 금발을 좋아한다'는 속설을 뒷받침하는 연구 보고서가 발표됐다는 내용이 실린 기사입니다. 캐나다 인류학자인 피터 프로스트가 북유럽 여성들이 빙하시대 말기에 남성들을 유혹하기 위해 금발 머리와 푸른 눈으로 진화했다고 주장했다는 내용이에요. 원문을 읽고 싶으신 분은 아래 QR코드를 스캔해보세요.

본인이 미처 갖추지 못한 특성을 지닌 소유자에게 끌리는 감정인데요. 이러한 감정은 나와 같은 초능력 돌연변이들을 상대로 평범한 인간들이 가져야 마땅한 것입니다.

다른 능력도 아닌 날씨 조절 능력이라니요! 농경이 주를 이루었던 시대에는 더할 나위없는 축복이었을 겁니다. 즉 수만 년 동안 나와 같은 능력의 소유자들은 분명 매력적인 존재로서 대우 받았을 거란 뜻입니다. 제아무리 유전자가 극한 열성 인자로 분류된다 하더라도 수십 년, 아니 수백 년에 하나씩은 태어나지 않았을까요? 그런데 왜 내가 아는 사람이 단 한 명도 없는 걸까요?

오랜 고민 끝에 나는 결론을 내렸습니다. 나와 같은 능력을 갖춘 돌연변이가 분명 존재했을 테지만 그 선배들은 자신의 이야기를 기록으로 남기지 못했던 것입니다. 왜냐고요? 시간이 없었으니까요. 하루종일 아무 생각 없이 밭만 갈아야 하는 소들을 떠올려 보세요.

쉽게 이해할 수 있을 겁니다. 나의 선배들은 농사짓기에 적합한 날씨를 원하는 주변 인간들의 등살에 밀려 새벽부터 출근해서 온갖 극심한 노동을 강요당했던 게 분명합니다. 그러다가 농경 사회가 막을 내리고 백여 년이 지난 오늘에서야 나를 집중 조명하는 기록들이 튀어나오고 있는 형편이지요.

나의 조상들이 과거 인간의 노예처럼 생활한 탓에 나는 내 능력을 키워 나가는 과정에서 조언 하나 얻지 못한 채 수많은 시행착오를 거쳐야 했습니다. 그나마 다행인 건 선배들이 고생하고 있던 그 순간, 인간들은 자신의 여유 시간을 할애하여 자연의 비밀을 파헤치기 위한 과학 지식을 쌓아갔다는 사실입니다. 덕분에 나는 그들이 정리해 둔 과학 이론들을 공부하면서 내 능력의 방향성을 찾아갈 수 있었습니다. 선배들의 고생 덕분에 인간들이 여유 시간을 갖게 되었고, 그 여유 시간에 인간들이 자연의 이치를 파악했으므로 내가 능력을 키워 낸 셈입니다. 얄미운 인간들을 보듬게 된 이유랍니다.

희뿌연 하늘 만들기

자연이 만들고 내가 다듬은 첫 번째 능력. 그것은 이미 엑스맨 시리즈를 통해 여러 번 선보인 적이 있는 희뿌연 하늘 만들기, 즉 안개 생성 능력입니다.

나의 능력은 여러분이 그동안 접해 온 돌연변이들의 그것과 사뭇 다릅니다. 미스틱처럼 피부가 변하지도 않고, 울버린처럼 금속 뼈가 튀어나오지도 않을 뿐더러, 비스트처럼 온몸이 파란 털로 뒤덮여 있는 것도 아니에요. 한마디로 나는 초능력을 발휘하는 데 있어 다른 지원자들처럼 몸의 형태가 변하지 않습니다. 언뜻 평범한 인간처럼 보입니다. 또한 안개를 불러오는 능력은 물리적인 타격을 수반하지 않기에 별것 아닌 듯 보일지도 모르지요. 그러나 나는 확실히 말할 수 있습니다. 보잘 것 없어 보이는 안개 생성 능력이 상대방으로 하여금 극한의 공포를 경험하게 한다는 것을 말이에요.

갑자기 앞이 보이지 않게 됐을 때의 두려움과 불안감은 여러분이 상상하는 그 이상입니다. 겪어 보지 못한 이들은 절대 이해할 수 없어요. 나는 비슷한 상황에 처해 본 적이 있습니다. 운전대를 잡아 보았거나 주머니에 늘 안경 닦는 수건을 넣어 다니는 분들이라면 내 이야기에 공감할 것입니다.

상황을 하나 가정해볼까요? 시력이 몹시 나쁜 당신은 면접을 본답시고 새로 장만한 멋진 안경을 낀 채 면접장소로 향했습니다. 날이 무척 춥지만 긴장한 탓인지 잘 느끼지 못합니다. 드디어 도착한 면접장. 이름이 호명되고 문이 열렸습니다. 허리를 90도로 굽혀 면접관들을 향해 크게 인사를 건네고 준비된 의자에 앉았습니다. 이마에서는 땀이 한 방울 또르르 흘러내리는군요. 긴장했기 때문이 아니라 히터를 빵빵 틀어댔기 때문입니다. 밖은 한겨울인데 실내는 한여름이 따로 없어요. 그 뿐이 아니었습니다. 면접관으로 참여한 임원들의 콧구멍이 행여나 건조해질까 봐 그랬는지 가습기 또한 열심히 제 할 일을 하고 있군요. 마침내 당신을 향해 날카로운 첫 번째 질문이 날아들었습니다.

"스톰 씨, 당신은 왜 우리 회사에 지원했습니까? 여기가 처음이 아니죠? 다른 회사 어디어디 지원했습니까? 그곳에서는 면접 결과가 좋지 못했나 보죠?"

예상하지 못했던 공격에 머릿속이 하얘진 당신. 새로 산 안경을 꼈음에도 눈앞이 잘 보이지 않았습니다. 두뇌가 마비된 걸까요? 아닙니다. 안경에 짙게 서린 김 때문이었습니다. 떨리는 손으로 안경을 벗어 급히 렌즈를 닦았지만 그 순간뿐이네요. 언제 그랬냐는 듯 또다시 새하얗게 변해 버린 안경 렌즈. 희뿌옇게 김으로 코팅된 안경을 낀 당신은 오로지 들려오는 소리만으로 적들을 파악하고, 또 그들의 공격을 막아야 했습니다. 이제껏 눈의 감각에만 의존해 온 당신으로서는 이 상황이 너무나 불편하고 불안합니다. 왼쪽에서 잽이 날아와 안면을 강타한 지 얼마나 됐다고 오른쪽에서 훅이 들어오지 않나, 오른쪽 뺨을 어루만지고 있자니 턱으로 깊숙이 어퍼컷이 들어오는군요. 아이고, 온몸이 휘청거립니다. 극한의 공포를 맛본 당신에게 10

분이라는 면접 시간은 10년처럼 길게 느껴졌고, 그 결과 당신은 다른 회사에 이력서를 보내야 하는 처지가 되었죠.

이렇듯 내 안개는 수많은 전장에서 물리적인 공격보다는 정신적인 공격을 펼치는 데 큰 몫을 했습니다. 상대방의 내면을 뒤흔드는 역할을 해 온 거죠. 진정한 싸움꾼은 상대방에게 외상을 입히지 않는다고 하지 않습니까? 그런 측면에서 나는 타고난 파이터인지도 모릅니다. 나는 또한 상황극 속 당신의 안경에 김이 서리듯 공기 중의 수분 입자들을 한 데 모으되 그 크기를 수~수십 마이크로미터(μm) 덩치로 키워낼 능력도 있습니다. 질문을 하나 던져 볼게요. 당신 입장에서 수 마이크로미터는 큰 것인가요, 작은 것인가요? 우리가 어린이집 혹은 유치원에서부터 배워 온 크기라는 개념은 비교 대상이 존재할 때만 언급할 수 있는 지극히 상대적인 표현입니다. 수 마이크로미터 덩치의 입자는 눈에 보이지 않을 뿐더러 기존에 눈으로 확인했던 다른 물체들보다 한없이 작으므로 내 질문에 대한 당신의 대답은 "작다"일 것입니다.

이렇듯 크기가 작은 입자(단위 부피당 표면적이 큰 입자)들이 서로 집단을 이루고 있다면 어떤 일이 벌어질까요? 이들의 세력이 하나에서 열이 되고, 백이 되며, 수천수만이 될수록 수분 입자의 표면을 만나 굴절되거나 반사되는 빛의 양은 점점 늘어날 것입니다. 집단을 뚫고 들어온 태양빛이 반사에 반사를 거듭하게 되고, 거듭된 반사의 탄

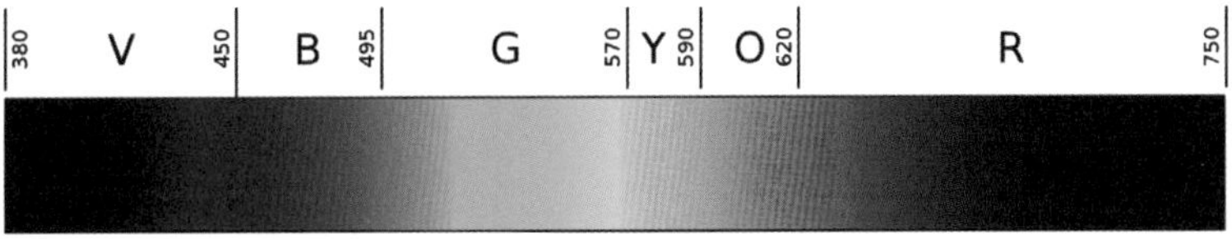

⬆ 가시광선 스펙트럼.

생은 산란이라는 새 이름을 얻게 됩니다. 산란이란 무수히 많은 반사들의 집합입니다. 일반적으로 장애물을 만나 빛의 경로가 바뀌는 것을 가리키죠. 다시 말해 파장이 제각각인 빛들이 정해진 방향 없이 무분별하게 퍼져 나가는 상황을 말합니다. 가시광선만을 이야기할 때 우리의 눈에 도달하는 빛은 빨강부터 보라까지 천차만별입니다. 이들 빛깔의 합은 백색인데요. 안경 렌즈에 맺힌 수많은 미세 물방울과 공기 중에 떠 있는 안개라는 이름의 미세 수분입자 집단은 그렇게 해서 새하얀 형태를 이룰 수 있었던 것이지요.

나의 안개 생성 능력을 익히 접해 온 동료들은 거리낌 없이 "스톰! 우리가 적의 눈에 보이지 않게 안개 좀 깔아줘!"라는 말을 툭툭 내뱉곤 하는데요. 그들은 수증기가 응결되는 과정이 단순하다고 여기는 모양입니다. 하긴 어렵다면 어렵고 쉽다면 쉬운 게 안개 생성 과정이지만, 안개를 깔아 달라는 의뢰를 받은 입장에서는 고려해야 하는 부분이 여간 많지 않습니다. 우선 습한 공기가 근처에 깔려 있는지 확인하는 건 기본이고, 주변 환경은 물론 심지어 시간대까지 살펴야만 합니다.

안개 종류는 그 생성 원리에 따라 크게 다섯 가지(복사안개, 이류안개, 김안개, 전선안개, 활승안개)로 나뉩니다. 태양의 열기 공급이 끊겨 차가워진 지표면 근처에서 공기가 냉각되어 수증기의 응결이 일어나 생성되는 **복사안개**, 해무라는 별명이 붙은 해안가의 **이류안개**, 이류안개의 반대 개념인 **김안개**, 두 개의 기단이 만나 생성되는 전선 부근에서 태어나는 **전선안개**, 산의 비탈면을 따라 공기가 빠르게 흘러가면서 생성되는 **활승안개**. 이들 모두 공기층이 '이슬점'이라 불리는 온도 이하로 냉각되면서 내포된 수증기가 응결되었기에 가능해진 현상들입니다.

수증기 응결은 참으로 까다로운 작업이에요. 지금이야 오랜 경험과 내공이 쌓여 안개 생성에 실패하는 법이 없지만, 초창기 훈련을 시작했을 무렵에는 열이면 열, 백이면 백…… 시도하는 족족 번번이 실패했습니다. 잠시 다른 생각에 빠져 긴장의 끈을 놓았다가 수분 입자의 크기가 수백 마이크로미터, 심지어는 1밀리미터를 웃돌기 십상이었고, 이들 입자에 가해지는 중력의 크기는 점점 커져 공중에 오래 머물 수 있는 항력을 크게 웃돌기도 했습니다. 수증기는커녕 빗방울이 되어 후두둑 떨어지곤 했습니다.

항력이란 중력의 반대 방향으로 작용하는 힘을 말합니다. 공기(유체)의 저항이 만들어낸 힘이라 하여 항력이라 불립니다. 물체의 중

엑 스 파 일

- 복사안개: 태양 복사에너지의 입사가 끊겨 기온이 하강할 때, 비열이 낮은 흙은 비열이 높은 공기보다 더욱 빠르게 냉각이 일어납니다. 즉, 지표면에 가까운 곳의 공기는 이슬점 이하로 냉각되고, 그 곳에 존재하던 수증기는 응결되어 안개의 형태를 띱니다.
- 이류안개: 차가운 지면이나 수면 위로 따뜻한 공기가 지나갈 때, 공기의 밑 부분은 빠르게 냉각되어 이슬점 이하로 떨어집니다. 이때 수증기의 응결이 일어나 안개가 생성됩니다.
- 김안개: 차가운 공기가 상대적으로 따뜻한 수면 혹은 지면 위를 지나갈 때, 마치 김이 솟아오르는 것처럼 안개가 생성된다고 하여 김안개라는 이름이 붙었습니다. 수면(지면)으로부터 증발된 수증기가 응결되어 생성된 안개라 하여 증발안개라고도 불립니다.
- 전선안개: 따뜻한 공기와 차가운 공기가 만나는 전선 근처에서 생성되는 안개입니다. 지표면 근처에 수증기가 증가하여 발생합니다.
- 활승안개: 수증기를 가득 머금은 습한 공기가 산비탈을 따라 빠르게 상승할 때 이슬점 이하의 온도에서 수증기의 응결이 일어나 생성되는 안개입니다.

력이 항력을 크게 웃돌면 곧장 낙하하게 되지요.

직경이 1마이크로미터와 1000마이크로미터(=1밀리미터)인 물방울들이 10미터 상공에 머무른다고 가정했을 때, 1마이크로미터 물방울은 지면에 도착하는 데 무려 7~8시간이 걸리는 반면, 1밀리미터 물방울에 허락되는 시간은 불과 2초 남짓입니다. 안개 만들기에는 이렇듯 수증기 응집의 미세한 컨트롤이 생명입니다. 완벽한 안개를 만들겠다고 며칠 밤낮 고생하던 걸 떠올리면 십 수 년이 지난 지금도 머리털이 곤두서곤 합니다.

제우스와 토르의 능력을 내 손안에

토르에 필적하는 능력

희번득 뜬 두 눈과 더불어 중력을 거스르는 나의 머리카락들은 주변 혹은 관객들에게 일종의 경고 메시지를 제공하는 역할을 합니다. "지금부터 큰일이 벌어질 테니까 각오하는 게 좋을 거야."

그런데 사실 따지고 보면 이런 비현실적인 설정이 어디 있습니까? 흰자위로 뒤덮인 공포스런 눈까지는 뭐 어떻게 이해할 수 있다고 해도 중력을 이겨 내는 머리카락이라니! 감독이 시켜서 억지로 꾸역꾸역 해내긴 했지만 솔직히 말해서 이건 좀 아니지 않나요? 영화 촬영 할 때면 제작진들은 언제나 나에게 머리카락을 치솟게 만들 방법에 대해 고민해 보라고 하더군요. 대본 외우기도 벅찬데 장면 연출 기법까지 생각하라니요. 하지만 나는 희생정신과 책임감을 발

⬆ 플라스틱 미끄럼틀을 타고 노는 아이. 정전기에 대전되어 머리카락이 곤두서 있다.

휘해 두 가지 방법을 마련하는 데 성공했습니다.

하나는 '상승기류', 다른 하나는 '정전기'입니다. 밑에서부터 바람이 올라오거나 같은 종류의 전하로 표면이 대전되어 서로 밀어낸다면 충분히 실현 가능한 장면이죠. 상승기류와 마찰에 의한 대전 효과, 이 두 가지는 머리카락 공중부양 외에도 나의 두 번째 능력을 위해 없어서는 안 될 필수 요소들입니다. 번개 생성, 자세히 표현하자면 벼락 생성을 위한 기본 준비물로서 내가 토르에 필적하는 능력을 보일 수 있도록 지구가 건네주는 도움의 손길이기도 합니다.

지구에 거주하고 있는 많은 인간들은 어벤져스 팀의 상남자, 천둥의 신 토르를 통해 이미 벼락의 위력을 수차례 경험했을 겁니다. 거대한 덩치를 자랑하는 괴물들은 그가 불러들인 벼락 한 방에 나가떨어졌고, 어부지리의 매력을 제대로 느낀 주변의 다른 히어로들은 땀 한 방울 흘리지 않은 채 전투를 승리로 이끌었습니다. 매력남 토르는 그렇게 인간들의 마음을 장악했고, 어느덧 번개의 지배자는 토르라는 인식이 인간들의 마음속 깊이 뿌리를 내리게 되었습니다.

불행하게도 나에게는 토르와 같은 쇼맨십이 없습니다. 더욱이 이 별 저 별 옮겨 다니는 토르와 달리 지구에만 머무르는 나는 외계 생명체들과의 싸움을 겪어 본 적도 없어요. 내 상대라곤 인간들 혹은 또 다른 돌연변이들이 전부였습니다. 자연히 내가 불러오는 벼락의 위력은 토르의 그것보다 약해 보일 수밖에 없었죠. 그러나 나의 벼락과 토르의 벼락은 힘의 근원이 동일합니다. 그도 그럴 것이 토르의 고향인 아스가르드가 아닌 지구의 대기라는 환경에서 똑같이 만들어 내는 것들이니까요.

따지고 보면 그는 번개의 신이 아닌 천둥의 신이고, 그의 공격은 마른하늘에 날벼락인데 반해 나의 공격은 검은 구름과 폭풍을 동반한 것이기에 벼락 다루는 능력만 놓고 본다면 내가 그보다 한 수 위입니다. 그 옛날 그리스 로마 신화에 등장하는 살모네우스를 기억하나요? 번개를 다루는 제우스를 따라 했다가 큰 봉변을 당한 자 말이에요. 천둥이란 갑작스런 대량의 전류로 인해 생기는 파열음을 의미하니 엄밀히 따지자면 토르는 소리만을 관장하는 신입니다. 번쩍이는 백색 번개는 그의 소관이 아니란 뜻이에요. 나보다 한참이나 고령

⬆ 대한민국에서 관찰된 적란운.

⬆ 멕시코만에서 관찰된 적란운.

인 그가 비록 원조일지는 몰라도 지금 이 시점에서의 번개 담당자는 나, 스톰이라는 사실을 만천하에 고하는 바입니다.

앞서 나는 수증기를 **응결**시킬 수 있다고 밝혔습니다. 그런데 사실 번개를 생성시킬 구름을 만드는 입장에서는 안개를 만들어 내듯 주변 환경을 까다롭게 고려할 필요가 없습니다. 직접 수증기를 응결시키겠다고 사서 고생하지 않아도 된다는 뜻인데요. 내 초능력의 기본기인 '공기 분자의 흐름 제어'에만 집중하면 저절로 이뤄지기 때문

엑 스 파 일

- 포화 증기의 온도 저하 또는 압축에 의하여 증기의 일부가 액체로 변하는 현상을 말합니다.

- 기체나 액체에서, 물질이 이동함으로써 열이 전달되는 현상입니다. 기체나 액체가 부분적으로 가열되면 가열된 부분이 팽창하면서 밀도가 작아져 위로 올라가고, 위에 있던 밀도가 큰 부분은 내려오게 되는데, 이런 과정이 되풀이되면서 기체나 액체의 전체가 고르게 가열되지요.
  따뜻한 공기는 분자의 움직임이 활발합니다. 이에 반해, 차가운 공기는 분자의 움직임이 제한적입니다. 움직임이 활발하다는 건 분자 간의 거리가 멀다는 걸 의미하고, 서로의 거리가 멀기 때문에 공기의 밀도는 작아지게 됩니다. 밀도가 낮으면 같은 부피 내에 존재하는 분자의 수가 적기 때문에 상대적으로 가볍고, 낮은 밀도의 공기(차가운 공기=무거운 공기)는 높은 밀도의 공기(따뜻한 공기=가벼운 공기)보다 아래쪽에 존재하게 됩니다.

입니다. 번개를 만들고 이를 벼락으로서 땅에 가져 오려면 나는 오직 한 가지, 상승기류를 만들어 지표면 근처의 따뜻한 공기를 위로 올리는 작업을 수행해야 합니다. 지표면에는 따뜻한 공기, 상공에는 차가운 공기가 위치하면 대기 상태가 매우 불안정해집니다. 격렬한 **대류 현상**이 일어나게 되고 이때 적란운이 생성됩니다.

지표면에 의해 데워진 공기는 높은 고도에 있는 차가운 공기보다 밀도가 낮기 때문에 대류 현상에 의해 위로 솟구치는 건 당연한 자연의 이치입니다. 하늘로 치솟은 따뜻한 공기는 이내 중력의 기운이 미약해져 기압이 낮아지게 되고, 이와 더불어 부피가 팽창하게 되지요. 짓누르는 힘(압력)이 약해지니 부피가 늘어날 수밖에 없습니다.

그런데 이때 놀라운 일이 벌어집니다. 갑작스런 부피 팽창으로 인해 공기의 온도가 뚝 떨어져 버린 거예요. 부피를 늘리기 위해 내부에서 에너지(연료)를 자급자족했다고 생각하면 이해하기 쉬울 겁니다. 의도치 않은 곳에 연료를 써 버렸으니 이제 어느 정도의 추위는 감수해야 합니다. 수증기를 포함한 공기의 온도가 낮아졌으니 말입니다. 외부에 직접 열을 빼앗기지도 않았는데 온도가 감소하는 것과 동시에 부피가 늘어나 버린 현상을 두고 언제부턴가 인간들은 '단열 팽창'이라 부르기 시작했습니다. 뭐 먹은 것도 별로 없는데 갑작스럽게 살이 쪄서 기분이 급 다운된 상황에 빗대어 볼 수 있겠네요. 열을 흡수하지도 않았는데 부피가 늘어났고, 그와 동시에 내부

⬆ 구름 사이에서 일어나는 번개(오스트레일리아 빅토리아주).

⬆ 구름과 지표사이에서 발생한 낙뢰(알링톤, 버지니아)

의 온도가 훅 떨어진 상황이니 말입니다.

만약 이때의 온도가 수증기가 뭉치기 시작하는 온도, 즉 이슬점보다 낮아지면 수분 입자들은 응결하게 되고, 덩어리가 커진 물방울들은 하늘 높은 곳에서 태양빛을 산란시킵니다. 그 결과 우리가 구름이라 표현하는 물방울 집합체가 만들어지는 것이지요.

나는 지표면의 공기를 위로 올려놨을 뿐인데, 자연은 자기가 알아서 구름을 생성하곤 했습니다. 하지만 성격 급한 내 동료들은 그것으로 만족하는 법이 없었어요. 번개를 얻기 위해서는 구름층이 더욱 두꺼워져야 한다는 사실을 잘 알고 있었던 그들은 나를 닦달했고 결국 나는 끊임없이 내 눈을 흰자로 뒤덮어야 했습니다.

그들의 성화에 못 이겨 만들었던 두꺼운 구름층. 인간들은 수직으로 높게 쌓인 구름에게 적란운, 쌘비구름 혹은 소나기구름이라는 여러 이름을 선사했고, 이 구름은 감사의 표현으로 내 돌연변이 동료들을 포함한 인간들이 원하는 번개를 만들게 되었습니다.

구름층에 존재하는 무수히 많은 물방울들과 얼음알갱이들. 이들은 비어 있는 공간을 헤집고 다니며 자신의 몸을 음전하(-전하)로 대전시켰습니다. 나머지 공기 분자들은 전자를 빼앗겼으니 응당 양전하(+전하)로 변했고, 음전하와 양전하를 띤 각각의 입자들은 본인의 밀도에 맞는 위치를 찾아갔지요.

구름층을 통틀어 살펴볼 때 상대적으로 높은 밀도의 물방울들

(음전하로 대전)은 아래쪽에, 낮은 밀도의 공기 입자들(양전하로 대전)은 위쪽에 점점 쌓여 가는 구조입니다. 우리에게 단지 눈이 수북하게 덮인 산 정도로 보이는 구름도 사실 무수히 많은 입자들의 이중층(음전하층과 양전하층)이었던 것입니다. 그런데 쌓이는 전하량이 점점 많아지면 어떻게 될까요? 양전하층과 음전하층 사이에 수억 볼트(volt)의 전압차가 만들어질 무렵, 빠지직! 빠지직! 여기저기서 전자의 흐름이 생겨날 수밖에 없고 이들은 수만 암페어(ampere)의 전류가 되어 각종 전자기파를 방출하게 됩니다. 우리의 눈은 그중에서 가시광선들만 받아들여 새하얀 빛으로 인지하는데요. 이때 발견되는 지그재그 형태의 백색광을 '번개'라고 불렀으며 지표면으로 도달하는 번개를 '벼락'이라 칭했습니다. 다시 말해, 벼락은 번개의 한 종류이자 구름과 지면 사이의 방전 현상을 일컫는 말인 셈입니다.

벼락 공격의 공략법

내가 다루는 번개 이외에도 자연에는 많은 방전 현상들이 존재합니다. 건조한 겨울철, 스웨터에서 빠지직거리는 정전기부터 밤하늘을 오색찬란한 빛의 커튼으로 드리우는 오로라까지 지구가 생겨난 그 순간부터 이 행성은 수없이 많은 방전 현상들을 겪어 왔습니다. 그 덕분에 태초의 무기물들은 아미노산으로 다시 태어날 수 있었습니다. 즉 무기물들 한가운데 방전이 일어난 덕분에 유기물(아미노산)이 탄생했다는 뜻인데요. 이 과정에서 무기물이 유기물로 바뀐 것입니다. 물론 유기물의 탄생에 얽힌 여러 가설들 중 하나이지만, 나는 충분히 가능한 시나리오라고 믿고 있습니다. 그와 더불어 수억 년이 지난 지금 방전 현상의 가장 큰 수혜자는 나, 바로 스톰이 되었습니다.

'방전(discharge)'이란 대전된 물체가 자신이 갖고 있던 전하를 잃어버리는 과정을 의미합니다. 번개 역시 한동안 머물러 있던 음전하 혹은 양전하들이 제자리를 벗어나는 현상이니 방전이라 불릴 수밖에 없는데요. 일상에서 익숙하게 접하는 현상이었음에도 불구하고 갑작스런 소리와 눈부신 빛이 동반된다는 이유로 예로부터 인류는 방전 현상에 종교적인 믿음을 부여해 왔습니다. 화가 잔뜩 난 하늘이 내리는 천벌이라는 믿음과 더불어 뾰족뾰족한 교회 탑 꼭대기 혹은 배의 돛대에서 피어나는 원인 모를 푸른 불빛이 하늘의 계시라고 생각했던 것입니다. 단적인 예가 바로 '세인트 엘모(성 에라스무스)의 불'입니다. 지중해 지역에서는 전자의 밀도가 높은 곳(뾰족한 물체)에서 방전되어 발생한 빛을 두고 열네 사람의 성인 가운데 한 명이자 뱃사람들의 수호성인이었던 에라스무스가 가호를 내리는 것이라 믿었다고 합니다.

글쎄요. 믿어야 한다고 주장하면 못 이기는 척하겠지만, 이것이

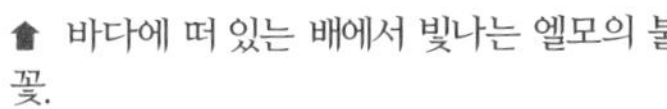

⬆ 바다에 떠 있는 배에서 빛나는 엘모의 불꽃.

⬆ 비행기 조종석 안에서 관찰한 엘모의 불꽃.

엑 스 파 일

- 충분히 많은 전계가 일반적으로 절연성 매체를 통해 이온화된 전기 전도성 채널, 공기, 다른 가스 또는 가스 혼합물을 생성할 때 발생하는 급격한 전기 방전을 말합니다. 마이클 패러데이는 이 현상을 "일반적인 전기 방전에 빛이 비치는 아름다운 섬광"이라고 묘사했습니다.
- 뾰족한 금속 물체(도체)의 주변에서 발생하는 방전입니다. 도체 주변의 공기가 부분적으로 전도성을 띠면서 발생합니다.

천벌이 아닌 **불꽃 방전**(spark discharge)이며, 성인의 가호가 아닌 일종의 **코로나 방전**(corona discharge)이라는 사실을 말해 주는 것이 그들의 앞날을 위해 도움이 될 것입니다. 번개로 대표되는 불꽃 방전과 세인트 엘모의 불로 대표되는 코로나 방전. 얼핏 영험해 보일지 몰라도 이들은 고전압이 걸려 있다는 증거이므로 절대 가까이해서는 안 됩니다.

어디 전압과 전류뿐이겠습니까? 내가 눈을 뒤집어 깔 때마다 등장하는 불꽃 방전은 불꽃(spark)의 내부 온도가 무려 27000도를 넘나든다고 알려져 있습니다. 태양 표면 온도의 4배 이상이라고 한다면 느낌이 오나요? 극고온으로 인해 주변 공기가 급격히 팽창하고 이때 하늘을 찢어내는 듯한 소리가 들리는데 그것이 토르가 관장하는 소리의 정체입니다. 나는 번개를 관장하는 제우스와 같은 존재, 토르는 천둥소리를 주로 다루는 뻥튀기 기계 같은 존재라는 점을 다시 한 번 짚고 넘어가면 좋겠습니다.

내 공격의 가장 큰 위험성은 '절대 피할 수 없다'는 데 있습니다. 말 그대로 눈 깜짝할 사이에 벌어지는 공격이죠. 눈꺼풀을 깜빡이는 타이밍에 스파크가 번쩍인다면 언제 왔다갔는지조차 알 수 없으니 말입니다. 과연 이러한 '속성 공격'을 피할 수 있는 자가 우주에 몇이나 될까요? 공격이 시작된 순간, 이를 인지하고 피하는 것보다 엄마 뱃속으로 다시 들어가 다른 존재로 태어나는 것이 빠를지도 모릅니다. 기왕 다시 태어날 거라면 감마선을 볼 수 있는 돌연변이가 좋겠지만요!

새하얀 빛을 방출하는 스파크가 생성되기 직전, 다량의 감마선이 방출되는데요. 눈에 보이지 않는 번개라 하여 일명 '검은 번개'라고 부릅니다. 만약 가시광선(대략 400~700나노미터 파장대)보다 파장이 짧은 영역의 빛, 특히 감마선(0.01나노미터 이하의 파장대)을 볼 수 있는 돌연변이가 태어난다면 그는 분명 내 공격을 피할 수 있는 유일한 생명체일 것입니다. 방사선의 일종인 감마선을 받아들일 용기 있는 자가 나타날지는 의문이지만, 말도 되지 않는 우연들이 겹겹이 쌓인다면 불가능한 일만은 아닐 거예요. 검은 번개의 실체를 파악했던 그 순간처럼 말입니다.

2006년 10월의 어느 날, 과학계에는 말도 되지 않는 세 번의 우연이 동시에 찾아왔습니다. 번개가 치는 찰나의 순간을 우연히 카메라에 담은 인공위성, 근처를 날고 있던 또 다른 인공위성에는 감마선 측정 장비가 실려 있었고, 3000킬로미터 떨어진 곳에는 우연히 그 순간의 전파 방출을 기록해낸 미국 듀크 대학교의 전파 수신기가 있었습니다. 종류가 다른 세 대의 장비가 '우연히' 같은 번개를 잡아낸 것이죠. SBS의 장수 프로그램 〈세상에 이런 일이〉 혹은 MBC의 〈서프라이즈〉에나 나올 법한 사건이었습니다.

옛말에 "우연이 겹치면 인연"이라고 했습니다. 검은 번개의 실체가 밝혀진 건 우연이 아닌 운명이었고, 덕분에 내 공격을 피해갈 수 있는 생명체가 탄생하게 되는 계기가 마련될지도 모릅니다. 과학 기술이 발전하듯 우리 돌연변이의 능력 또한 점차 진화하게 될 테니 앞으로의 싸움은 분명 지금의 수준보다 한 차원 업그레이드될 게 분명합니다.

돌연변이여 영원하라

희망 업무

앞서 언급했듯이 나는 다음 세대들이 지금보다 밝은 미래를 맞이하길 바랍니다. 하지만 남들처럼 가만히 앉아 바라기만 하는 건 내 성격에 맞지 않을 뿐더러 이미 많은 이들이 하는 행동이니 굳이 나까지 동참할 필요는 없다고 생각해요. 나는 그들의 인생 선배로서 평범한 인간들과 대등하게 살아가는 법을 가르치고 싶습니다.

물론 나에게 그러한 자격이 있는지 여부는 인사팀 내부에서 충분히 파악할 것입니다. 그 판단은 전적으로 당신들에게 달려 있으니 내가 아무리 어필한다 한들 소용이 없겠지요. 어쩌면 이력서를 받아든 순간 이미 나에 대한 합격 여부가 결정되었을지도 모릅니다.

만약 나의 미래가 결정되지 않았다면 인간 세상과의 교감을 끊임

없이 원하고 바랐던 이 스톰에게 돌연변이들의 교화를 맡겨 보면 어떨까요? 나와 함께하는 미래는 좀 더 따뜻할 것이라 믿어 의심치 않습니다.

장래 포부

나는 회사에서 절대 없어서는 안 되는 중요한 인재가 되고 싶습니다. 설령 내가 원하지 않는 곳에 배치되더라도 내 의지는 꺾이지 않을 것입니다. 좌절하지 않을 것이며, 다른 회사로 이직할 생각도 없습니다. 혹시 나의 지금 발언으로 인해 모두가 기피하는 부서에 배정되는 게 아닌가 살짝 걱정되지만, 나는 그 또한 내 운명이라 받아들일 각오가 되어 있습니다. 합격만 된다면 무슨 일이든 못하겠습니까?

심지어 나는 회사의 절세에 기여할 수도 있습니다. 친환경 에너지의 대표 주자인 풍력에너지를 통해 전기를 생산할 수 있으니 발전설비를 포함한 기본적인 장비만 준비된다면 이 한 몸 회사를 위해 기꺼이 내줄 수 있습니다. 지구 온난화로 인해 최근 몇 년간 지구의 풍속이 빨라졌다는 뉴스가 연일 매스컴을 뜨겁게 달구고 있는 지금, 풍력에너지의 자체 조달이 가능한 나를 뽑는다면 회사의 영업 이익은 나날이 늘어날 것이며, 친환경에너지 업계의 부러움을 한 몸에 받게 될지도 모릅니다. 10년 뒤 나의 모습은 아마도 일과 시간에는 미래를 위한 교육에 힘쓰고, 퇴근 후 저녁 시간에는 현재의 절세를 위한 바람을 불러일으키는 일당백의 직원 모습일 것 같습니다.

Nr. 5
성명
밴시
특징
음파 변환

entry number 5

헐크마저 벌벌 떨게 만드는 어둠의 목소리!

밴시

“

나는 인간이나 돌연변이 중
어느 한쪽 편에 서지 않을 것이다.
나는 공정하게 감찰할 것이다.

”

아일랜드를 넘어 전 세계를 수호하라

내 이름은 션 캐시디, 현재는 아일랜드 전설 속 등장하는 요정의 이름을 차용하여 '밴시'라는 닉네임을 쓰고 있습니다. 대한민국의 마스코트가 도깨비라면, 밴시는 아일랜드를 대표하는 캐릭터죠. 내가 지니는 이름의 무게만큼 원작에서는 중요한 역할들을 맡아 왔지만, 왠지 모르게 스크린상에서는 한없이 초라하게 비춰지고 있습니다.

사실 〈엑스맨: 퍼스트 클래스〉(2011)의 매튜 본 감독이 왜 유독 나를 원작과 다른 모습으로 등장시켰는지 잘 이해할 수 없습니다. 국제형사경찰기구로 알려진 인터폴 소속의 형사라는 내 직업이 마음에 들지 않았던 걸까요? 직업적인 촉이 곤두서긴 하지만 심증뿐인 관계로 의심은 이쯤에서 접으려 합니다.

⬆ 아일랜드 전설에 등장하는 밴시(토마스 크로프튼 크로커, 1825)

나의 아내였던 메이브 루크는 지금 하늘나라에 있습니다. 나의 사랑하는 아내, 메이브 루크! 나는 그녀에게 씻을 수 없는 죄를 지은 죄인입니다. 형사 일이 바쁘다는 핑계로 가정에 충실하지 못했고, 그녀가 테러리스트의 손에 숨을 거두는 그 순간에도 나는 그녀 곁을 지키지 못했습니다. 또한, 인터폴의 빌어먹을 비밀 임무 때문에 내 혈육이 태어났다는 사실조차 모르고 있었죠. 뒤늦게 알게 된 아이의 이름은 테레사. 정말 어여쁜 딸내미였습니다. '사이린'이란 이름의 뮤턴트로 활동하던 내 아이를 나는 한참이 지나서야 만날 수 있었고,

나는 그제야 내 운명이 바른 길로 들어서게 되었음을 알게 됐습니다. 많이 늦긴 했지만 나는 이후 내 가족을 위한 삶을 살고 있습니다(블랙 톰 캐시디라는 사촌이 한 명 있지만, 나와 사이가 그다지 좋지도 않을 뿐더러 직계가족이 아닌 관계로 소개하지 않겠습니다).

부유한 가정에서 태어난 나는 아일랜드의 일부 영토와 성까지 물려받았을 만큼 유복한 어린 시절을 보냈습니다. 주변의 돌연변이 동료들과 달리 학교도 착실히 다녔고, 심지어 대학까지 졸업했어요. 이공계에 발을 담그고 있었기에 나름대로 과학도로서의 역할을 충실히 해 나가고 있었습니다.

지금 와서 생각해 보면 내 가방끈이 쓸데없이 길어진 탓에 내가 비극적인 운명을 맞이했던 것 같습니다. 이후 인터폴에 입사하게 되었고 인생의 첫 단추가 완전 잘못 꿰어졌으니 말이에요. 시간을 되돌릴 수만 있다면 나는 공부 따윈 하고 싶지 않습니다. 아무 생각 없이 늘려 놓은 내 가방끈에 그동안 이리 걸리고 저리 걸리던 세월이 얼마나 아까운지 모릅니다. 만약 나에게 그런 기회가 주어진다면 나는 내 초능력을 앞세워 보다 행복한 삶을 살아갈 것입니다. 공부를 해야만 편안한 인생을 설계할 수 있다는 설교 같은 것은 더는 내 마음을 움직이지 못합니다.

이 회사는 나 같은 돌연변이들에게 천국이자 우리들이 행복하게 지낼 수 있는 유일한 공간입니다. 이것이 나만의 생각은 아닌 듯합니다. 온갖 마음의 상처를 갖고 있는 수많은 이들이 하루에도 몇 통씩 이력서를 들이밀고 있는 현실만 보더라도 나의 믿음은 사실일 가능성이 무척 높습니다.

나는 모니터에 이력서 양식을 띄워 놓고 며칠간 고민했습니다. 이 회사의 매력이 무엇이기에 다른 이들이 들어가겠다고 안달인 걸까? 생각하면 할수록 답은 하나로 귀결되었죠. 드디어 남은 하나의 정답, 그것은 바로 새로운 삶을 살 수 있다는 '희망'이었습니다.

듣자 하니 이 회사의 직원 채용 기준은 '돈을 잘 벌어다 줄 것 같은 사람'이 아닌 듯합니다. 다른 회사들이 직원을 부속품으로 여겨 부려먹을 때 이곳의 대표는 부속품에게 따뜻한 말을 건넸고, 그들의 행복한 삶을 위해서 지원을 아끼지 않았다고 하더군요. 대표가 누군지는 모르겠으나 그는 분명 더 나은 사회를 꿈꾸는 인물인가 봅니다. 돌연변이의 능력만을 보는 것이 아닌 속마음을 들여다볼 수 있는 현자이며, 그들이 가져다 줄 미래를 내다보는 천리안이 있는 게 분명합니다.

나는 이곳에서 내 인생의 2막을 열고 싶습니다. 이용만 당하던 예전의 모습은 잊고 주체적으로 살고 싶어요. 물론 나에게도 양심이 있는 만큼 무턱대고 뽑아 달라고 생떼를 부리지는 않을 겁니다. 다만 내가 갖고 있는 능력을 최대한으로 어필할 계획입니다. 혹시라도 나를 뽑고 싶다는 마음이 생긴다면 주저하지 말아 주세요. 나는 지금 이 순간 회사가 내밀어 주는 손을 간절히 기다리고 있습니다.

작은 일에 충실하라

나는 가정을 등한시한 대가로 파멸이라는 천벌을 받았습니다. 그로 인해 오랜 세월 가슴이 아팠지요. 이성을 잃어버린 나에게 악마들의 손길이 찾아오는 건 어찌 보면 당연한 순서였을 겁니다.

그러던 어느 날 테레사라는 이름의 딸이 나타났습니다. 내 아내가 지어 준 이름이었을 테죠. 마더 테레사처럼 남을 위해 살아가라는 의미였을지, 아니면 나중에 만나게 될 아빠에게 교훈을 주기 위해서였을지 그것은 잘 모르겠습니다. 테레사 수녀가 남긴 수많은 말들 중 하나가 내 가슴을 강하게 때렸으니 바로 이것입니다. "사랑은 가장 가까운 사람, 가족을 돌보는 것에서부터 시작된다."

나는 내 딸을 만나고부터 항상 이 문구가 적힌 쪽지를 지갑에 넣어 다닙니다.

음파 지배자 밴시

내 목소리는 초음파 영역에 있습니다

나는 소리를 잘 다룹니다. 음파의 파장과 세기를 조절하는 능력이 탁월하기에 이를 활용한 공격법과 방어법이 내 능력의 주를 이루지요. 아니, 솔직히 말하면 그것이 능력의 전부입니다.

나에게 목소리란 의사 전달만을 위한 수단이 아닙니다. 내 속마음을 겉으로 드러내 주변인들의 행동 변화를 이끌어 내려는 평범한 목적 이외에도 주변 환경 자체를 변화시키고자 하는 독특한 목적도 갖고 있습니다. 그 덕분인지 성대의 떨림 역시 남들처럼 둔하지 않습니다. 인류 역사를 통틀어 몇 명의 소프라노들이 소리가 만들어 낸 **공명 현상**으로 유리잔과 창문을 깨뜨렸는지는 몰라도, 나는 그들보다 한 수, 아니 적어도 다섯 수 정도는 위일 것이라고 확신합니다. 그

- '울림'이란 뜻으로, 특정 진동수(주파수)에서 큰 진폭으로 진동하는 현상을 말합니다. 이때의 특정 진동수를 공명 진동수라고 하며, 공명 진동수에서는 작은 힘의 작용에도 큰 진폭 및 에너지를 전달할 수 있습니다. 모든 물체는 각각의 고유한 진동수를 가지고 진동하며 이때 물체의 진동수를 고유 진동수라고 합니다.

들이 나와 같은 종류의 뮤턴트, 성대의 특징을 좌우하는 유전자가 변이를 일으킨 경우라면 또 모르지만요. 제아무리 뛰어난 고음 전문가라고 해도 혹 그 능력이 돌고래나 박쥐에까지 못 미친다면 나와는 비교 자체가 불가합니다. 그들을 직접 만나 본 적이 없으니 확실히 말할 수 없지만 적어도 내가 공부한 과학 지식에 의하면 그렇습니다.

몇 해 전이었습니다. 누군가 나에게 독특한 질문을 하나 던진 적이 있습니다. 전공으로서 이공계를 택한 이유가 무엇이냐는 질문이었지요. 그 또한 당신들처럼 어느 그룹의 인사 담당자였던 모양입니다. 대학 진학을 목표로 공부하던 모습들이 주마등처럼 스쳐 지나갔어요. 나는 나 자신에게 물었습니다.

"션, 너는 왜 과학을 공부하기로 마음먹었니?"

분명 나의 선택이었지만 쉽사리 대답이 나오지 않더군요. '과학이 재미있어서'라는 뻔한 대답을 내뱉으며 대충 얼버무린 뒤 나는 그곳을 황급히 떠났습니다. 사춘기 즈음하여 얻어진 내 능력이 좀 더

일찍 나에게 나타났다면 내 미래는 어떻게 바뀌었을까요? 모르긴 해도 아마 음대 성악과에 진학했을 것입니다. 남들에 비해 음감은 떨어질지 모르나 남성과 여성의 음역 대를 넘나드는 전설적인 성악가가 되었을 것입니다.

그러나 한편으로는 그러한 삶에 만족하지 못했을 것이란 생각도 듭니다. 인간이 들을 수 있는 파장 영역이 고작 20~20000헤르츠(Hz)가 전부인데 내 목소리는 이를 훨씬 넘어서는 초음파의 영역이기 때문입니다. 성악가가 되었다면 능력의 일부만 써도 환호를 받았을 테니 머지않아 삶에 회의를 느꼈을 테고, 방황을 거듭하다가 지금처럼 뮤턴트 세계에 다시 발을 들여놓았을 게 분명해요. 내 능력을 단지 노래하는 데에만 쓴다니! 생각만 해도 아찔합니다.

내 능력은 일반인의 수준을 넘어선 '초'능력입니다. 내가 활용 가능한 소리의 영역도 인간이 들을 수 있는 음파를 넘어 '초'음파까지 확장되니 나는 어지간해서는 돌연변이 세계를 벗어날 수 없는 운명인가 봅니다. 또한 나는 과학을 전공할 수밖에 없는 운명이었어요. 소리에 관한 과학 이론들을 알지 못했다면 내가 어찌 음파를 이용한 공격과 방어법을 깨우칠 수 있었겠습니까?

사람들은 나에게 묻곤 합니다. 초음파 대역의 목소리를 내는 느낌이 어떤가 하고 말이에요. 또 다른 이들은 초음파 대역의 소리를 듣는 기분이 어떠한지 묻습니다. 제가 하는 대답은 이렇습니다. "단지 남들보다 성대를 좀 더 쥐어짰을 뿐이니 아무 느낌 없고, 내 귀는 남들과 동일하며 일반적인 고막을 갖고 있어 내 목소리를 들어본 적 없다"고 말입니다.

초인적인 능력을 보유한 건 오직 성대밖에 없기에 작정하고 고음을 내지르면 나 또한 내 목소리를 들을 수 없는 지경에 이릅니다. 내 목소리를 듣지 못한다고 해서 안쓰러워할 필요는 없어요. 또한 내가 1초에 20000번 이상 성대를 떨 수 있다고 해서 부러워할 필요도 전혀 없습니다. 본인이 처한 상황과 부여된 능력의 한도 내에서 만족하고 살면 그만 아닌가요?

따지고 보면, '소닉 스크림'이라 불리는 '음향 효과'가 내 귀에 들리지 않기 때문에 나는 맘껏 내지를 수 있었고, 그 덕분에 지금의 명성을 얻게 된 것일 뿐입니다. 만약 내 고막의 능력이 돌고래와 박쥐의 수준에 도달했다면 나는 지금껏 제정신으로 살아가지 못했을지도 모릅니다. 소닉 스크림에서부터 파생된 기술이 얼마나 대단하기에 내가 이리도 확신에 차 있는지 지금부터 하나씩 알려드리겠습니다.

소닉 스크림의 위력과 한계

우리의 청각은 20~20000헤르츠의 가청 영역을 자랑합니다. 즉, 진동수가 초당 20000회를 넘어서는 초고음은 들을 수 없으며, 이와 반대로 진동수가 초당 20회 이하의 초저음 역시 들리지 않는다는 것을 의미하죠. 다시 말해 20헤르츠 이하와 20000헤르츠 이상의 진동수를 갖는 음파로 공격을 퍼붓는다면 제아무리 예민한 고막의 소유자라 할지라도 인지가 전혀 불가능하다는 뜻입니다.

사실 소리가 갖는 진정한 위력은 '공진(共振)', 다시 말해 음파의 진동수를 특정한 진동수로 맞췄을 때 비로소 드러납니다. 소리가 진행되는 방향에 어떤 물체가 놓여 있고, 그 물체의 고유 진동수와 우연히 같은 값을 갖고 있다면 소리는 그야말로 가공할 만한 위력을 보일 수 있습니다.

유리는 그 재질과 두께에 따라 낮게는 수백 헤르츠에서 높게는 수천 헤르츠의 고유 진동수 값을 갖습니다. 나와 같은 돌연변이가 아닌 보통의 평범한 인간들도 마음만 먹고 덤벼들면 이 정도의 음파는 충분히 내뱉을 수 있다는 사실을 감안하면 유리잔 깨뜨리는 일 정도는 그리 큰 노력을 필요로 하는 대업이 아니지요. 그러나 동서남북 전 방위가 아닌 오직 원하는 방향으로만 소리를 모아 전파시킬 수 있다면 그 위력은 더욱 극대화될 것이며, 일렬로 줄 지어 있는 유리잔들도 연속으로 깨부술 수 있을 겁니다.

그런데 과연 빛도 아닌 소리를 한 방향으로만 모아 진행시키는 것이 가능할까요? 놀라운 일이지만 가능합니다. 그것도 아주 단순

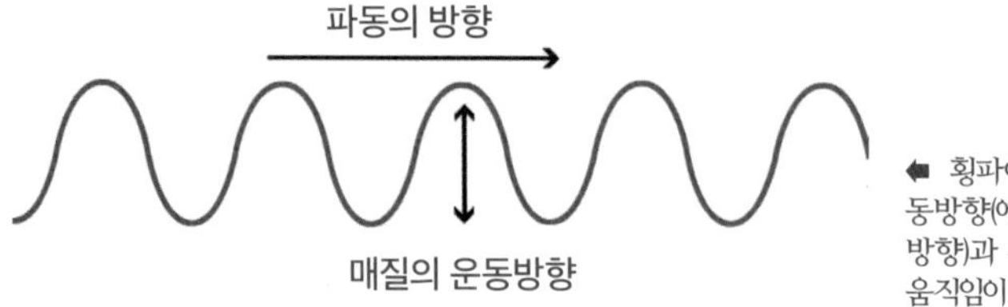

⬅ 횡파에서는 파동의 이동방향(에너지가 전달되는 방향)과 수직으로 매질의 움직임이 나타난다.

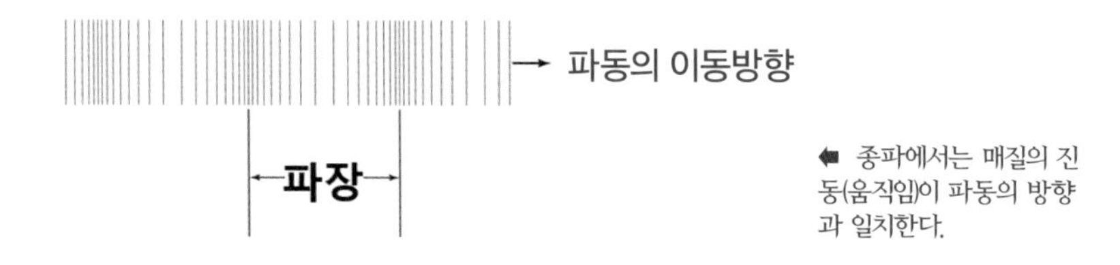

⬅ 종파에서는 매질의 진동(움직임)이 파동의 방향과 일치한다.

한 방법으로 이뤄 낼 수 있어요. 사자성어 중에 많으면 많을수록 좋다는 뜻의 '다다익선(多多益善)'이란 표현을 차용하자면 '고고익선'쯤 되겠군요. 높으면 높을수록 좋다는 말입니다. 무엇이 높은 게 좋으냐고요? 그야 물론 '음의 높이'입니다.

초당 20000회 이상 진동하는 초음파 대역으로 넘어가면 이는 전자기파의 한 종류인 라디오파(radio wave, 수백~수백만 헤르츠)와 유사한 진동수를 보이는데요. **횡파**냐 **종파냐**를 논하기에 앞서 진동수 자체만으로 평가한다면 그들의 사촌쯤 될 것입니다.

즉, 음파의 진동수가 커지거나 혹은 음의 높이가 높아질수록 전자기파라 통칭되는 빛과 유사한 특성을 보인다는 뜻입니다. 그 특성이라 함은 바로 '직진성'인데요. 부채꼴 모양으로 퍼져나가기 좋아하

엑 스 파 일

- 진행하는 방향으로 흔들리는 파동은 종파, 진행하는 방향과 수직으로 흔들리는 파동은 횡파로 정의합니다. 물살과 동일한 방향으로 몸을 구부렸다 펴는 행동은 종파의 형태, 허우적대며 물 위로 머리를 내밀었다가 숙이는 행동은 횡파의 형태로 볼 수 있습니다.

는 음파가 진동수가 커짐에 따라 자신의 부채를 슬슬 접는다고 보면 이해하기 쉬울 것입니다. 내가 고음, 초고음, 초초고음, 초초초고음을 내지를수록 점점 빛의 직진성에 근접한다는 말이지요. 진동수가 10000헤르츠를 넘어서면서부터 서서히 고개를 들기 시작하는 음파의 직진 특성은 50000헤르츠 정도 되면 이미 매우 뛰어난 수준에 이른다고 알려져 있습니다.

이러한 직진성은 내가 얼마나 성대를 쥐어짜는지에 달려 있지만, 솔직히 말해서 빛처럼 완벽한 직진성을 갖도록 만드는 건 불가능합니다. 음파라는 것이 빛과는 달리 매질을 진동시켜 얻어지는 것이다 보니 주변으로 퍼지는 게 자연스러운데요. 사이클롭스의 옵틱 블라스트처럼 끝 모르고 쭉쭉 뻗어나가게 만들 수 없으니 문제입니다. 더욱이 결정적으로 내 소닉 스크림의 초음파 버전은 공기 중에서는 쥐약이에요. 태생적으로 내 목소리가 커서 그나마 위력적인 것이지 따지고 보면 나처럼 공기 중에 초음파를 쏴대는 정신 나간 이가 세상

어디에 있을까요? 물속이라면 모를까!

아는지 모르겠지만 매질에는 저마다 '음향 저항(acoustic impedance)'이라는 특성이 있습니다. 이는 매질의 밀도와 큰 상관관계를 보이기 때문에 분자들이 빽빽하게 존재하는 고체와 액체는 값이 크고, 상대적으로 분자들이 드문드문 존재하는 기체는 그 값이 매우 작습니다. 물과 공기를 비교할 때 각각의 음향 저항 값은 무려 3850배나 차이가 납니다. 한마디로 음파의 전달력은 공기 중에서 크게 떨어지는데, 이는 나의 무모함을 설명하는 지표로 활용될 수 있습니다.

나를 비웃는 이들의 모습이 눈에 선하군요. 주인을 잘못 만난 내 성대를 불쌍하다고 여길지도 모릅니다. 이 모든 걸 알고 있음에도 불구하고 허구한 날 공기 중에 소리나 빽빽 질러대는 내가 그들에게 얼마나 한심해 보일까요? 그들의 입장에서 볼 때 나는 내 성대의 능력을 1/3850밖에 이용하지 못하는 멍청이일 뿐입니다. 속상하지만 반박의 여지가 없으니, 인정하겠습니다.

하지만 폐로 호흡하는 나는 단 한 순간도 공기의 늪에서 벗어날 수 없으니, 사실 달리 방법이 없습니다. 잠수복을 입고 몇날 며칠 물속을 누빈다 한들 나와 함께할 이가 누가 있겠습니까? 옆 동네 DC 코믹스의 상남자 '아쿠아맨'이 아닌 이상 나는 욕을 먹으면 먹었지 외로움을 자처할 수는 없습니다. 노파심에서 하는 말인데, 혹시라도 회사에서 나의 채용을 핑계 삼아 물속으로 보내려는 꿍꿍이를 품고 있다면 지금 곧장 포기하는 게 좋을 겁니다. 차라리 지원자가 하나도 없는 오지에 주재원으로는 갈 수 있지만 말이에요. 부디 나를 회사에 대한 충성심이 없는 사람으로 낙인찍어 '광탈'시키지 말아 주세요.

아직 나에게는 언급하지 않은 비장의 카드가 남아 있습니다. 그 카드는 가청 영역을 넘어서는 초음파 영역이 아닌 정반대 방향, 20헤르츠 이하의 초저주파 영역에 있어요. 그에 얽힌 옛날이야기 하나를 들려 드리면서 내 능력의 잠재성을 살짝 언급해 보겠습니다. 매그니토로 잘 알려진 에릭 렌셔에게 묻는다면 아마 들어봤다고 할지도 모르겠네요.

비장의 카드, 그 비밀을 밝혀라

극악무도한 무기

때는 바야흐로 제2차 세계대전이 한창이던 1939년부터 1945년. 장소는 독일 나치군의 진영입니다. 악랄하기로 소문난 그들은 난다 긴다 하는 여러 과학자들을 불러 모아 온갖 신무기를 개발하고 있었습니다. 수세에 몰리던 전쟁 막바지에 이르자 그들은 자신들의 신무기를 총동원하기로 결심합니다. 하지만 무기들 중 일부는 미처 소개되지 못한 채 전쟁은 마무리되었고, 연합군의 리더 미국은 이 무기들을 수거해 갔습니다. 그러던 중 그들의 눈에 발견된 이색 무기가 하나 있었으니, 바로 '사운드건(Sound gun)'입니다. 이른바 '음파 대포'였습니다.

귀에 들리지 않는 초저주파를 발생시키는 일종의 스피커인 이것

☗ 2차 대전 때 연합군이 노획한 독일군의 음파대포.

☗ 미 해군에서 사용하는 장거리 음파 송신기.

은 엄청난 덩치를 자랑하는 것과 더불어 유효 살상 사거리는 50미터 밖에 되지 않는 초근접 무기였습니다. 비록 먼 거리까지는 효과가 전해지지 않는다 해도 단거리에서는 살상 능력이 엄청났던 것 같아요. 일각에서는 보통의 대포들보다 잔인하다는 평이 줄을 이었습니다.

추측컨대 인체의 부위별 고유 진동수(수~수십 헤르츠)에 맞는 음파 공격을 퍼부어 **공진**(resonance)을 이끌어내고자 하는 목적하에 제작됐을 테니, 사정거리 내에 있는 적군은 물리적인 직접 타격이 없었다고 해도 모두 무차별적인 황천행을 면하지 못했을 겁니다.

그런데 놀라운 것은 이 극악무도한 무기가 개시되지도 못한 채 폐기되어 버렸다는 사실이에요. 왜일까요? 위의 문장을 다시 한 번 들여다봅시다. '무차별적인 황천행'이라는 바로 이 부분입니다. 진동

엑 스 파 일

특정 진동수를 가진 물체가 같은 진동수의 힘이 외부에서 가해질 때 진폭이 커지면서 에너지가 증가하는 현상입니다. 어떤 작업을 할 때 같은 생각을 가진 두 사람이 힘을 합하면 시너지효과가 나는 것 같은 현상이라고 이해하면 됩니다. 2011년 여름 서울 테크노마트에서 벌어진 일이 한 예인데요. 수십 층짜리 건물에 있는 헬스장(12층)에서 십 수 명의 사람들이 박자를 맞춰 발을 구르며 운동을 했더니 20층 이상에서 건물이 부르르 떨리는 게 감지되었습니다. 1850년에 발생한 프랑스 앙제다리 붕괴 사고, 1940년 미국 워싱턴주에서 벌어진 타코마 다리 붕괴 사고도 공진 현상의 한 예입니다.

수가 낮아 직진성은 없으니, 공격은 360도 전방위, 그리고 3차원적으로 뻗어나갈 수밖에 없습니다. 반지름 50미터의 구를 그려 볼 때 그 영역 안에 있는 생명체는 적군과 아군을 가리지 않은 채 모조리 타깃으로 지정된다는 의미죠. 방향성도 없는 초저주파 따위가 설마 사람 가려가며 공격하겠습니까? 열과 성을 다해 개발했다 한들 무슨 의미가 있을까요? 실제 사운드건이 장착된 탱크 안에 있던 군인들은 남을 공격하는 동시에 자신들 역시 희생양이 되었다고 전해집니다. 나치의 음파 대포는 음파의 비직선성이 만들어 낸 '자폭 장치'였던 셈입니다. 그들은 작동 자체가 불가한 무기를 만들었기에 개시할 수 없었고, 전 세계에 아이디어만 제공해 준 꼴이 되어 버렸던 것입니다.

수십 년이 지난 지금, 현대 과학자들은 스피커의 세팅을 통해 음파의 진행 방향을 한쪽으로 모으는 데 성공했으며, 직진성을 갖는 초음파까지 추가로 탑재하여 나치의 미완성 음파 대포를 한층 진화시켰습니다. 데시벨(dB)을 줄여 예전의 잔혹함은 다운시키고, 효율성을 극대화시킨 이 무기는 현재 대표적인 '비살상용 무기'로서 세계 각국을 누비고 있는데요. 대테러 작전을 위한 진압용 무기가 그 대표적인 예입니다.

이 대목에서 중요하게 생각해야 되는 건 살상용으로 충분히 활용 가능한 현대 과학 기술이 이를 비살상용으로만 사용한다는 점입니다. 목소리의 진동수와 데시벨을 자유자재로 조절할 수 있는 내가,

이공계에 깊이 발을 담가 현대 과학의 맛을 제대로 본 내가, 과연 과거의 나치보다 못할까요? 거대한 장비를 만들어야만 했던 그들과 달리 유전적인 변이를 겪은 나는 몸뚱이 하나면 충분합니다. 합격을 위한 협박은 아니니 걱정할 필요는 없지만, 내가 말하고 싶은 것은 분명합니다. 바로 유비무환(有備無患)이죠. 만약의 사태에 대비하여 나 같은 돌연변이 하나쯤 비장의 무기로 비축해 둔다면 적어도 이 회사에 큰 힘이 되어 줄 것입니다. 인간들이 저마다 핵무기를 보유하겠다고 그 난리를 부리는 행태를 떠올린다면 쉽게 납득하실 겁니다.

예전에 몸 담았던 인터폴에서 과연 나의 과학 지식만을 필요로 했을까요? 나보다 가방 끈 긴 이들이 천하에 널렸고, 두 번의 세계대전을 통해 각 분야의 천재들은 이미 재야에서 다 튀어나온 마당인데요? 내가 그들과 경쟁하는 게 어디 가당키나 한 일이겠습니까? 과학적인 지식으로만 보면 나는 기저귀를 막 뗀 어린아이에 지나지 않아요. 사리분별이 가능한 그들이 자신의 동료로서 나를 선택한 데는 무언가 다른 이유가 있었을 게 분명합니다.

내 음파를 상쇄시킬 수 있는 돌연변이가 나타나지 않는 한, 나는 돌연변이계의 신무기로서 이 회사를 위한 대체 불가 캐릭터임을 다시 한 번 밝힙니다. 혹시라도 어벤져스의 초록 괴물이 회사 출입문 앞에서 울부짖는다면 그에 맞설 자 또한 오직 나뿐일 것입니다.

헐크에게 두려움을 줄 수 있는 목소리

어벤져스에는 아무도 감당하지 못할 괴물이 하나 존재합니다. 피부색은 슈렉 혹은 둘리와 같은 귀여운 초록색이지만 외모는 이들과 전혀 달라요. 〈어벤져스: 엔드게임〉(2019)에서 비로소 브루스 배너의 정신이 그의 육신을 꿰차게 되었다지만, 한 번 자리 잡은 우락부락한 외모는 쉽게 바뀌지 않더군요. 그렇습니다. 바로 헐크입니다.

우리가 영화를 통해 만나 본 히어로 캐릭터들 중에서 헐크를 제압할 수 있는 캐릭터는 손에 꼽힐 정도입니다. 우주 공공의 적 타노스를 제외하고서는 정식으로 맞붙는다고 하면 힘깨나 쓴다는 토르조차 헐크의 한 주먹거리도 되지 않을뿐더러, 최첨단 장비들에 온몸을 맡긴 아이언맨조차 헐크 버스터 없이는 말도 쉽게 걸 수 없었지요. 한마디로 정리하자면, 지구에 사는 인간 중 헐크를 제압할 수 있는 이 하나 없다는 말입니다.

그럼 헐크의 상대로서 돌연변이 초능력자는 어떨까요? 만약 있다면 누구일까요? 최강 맷집을 자랑하는 울버린? 금속으로 족쇄를 채울 수 있는 매그니토? 강력한 폭풍우를 불러일으키는 스톰? 혹시 사이클롭스라면 가능하지 않을까요? 눈싸움으로 승부를 지을 수 있다면 가능하겠네요. 물론 승부가 결정 나기 이전에 너덜너덜해질 테지만요.

제아무리 난다긴다하는 돌연변이 초능력자라고 하더라도 쉬운 싸움은 아닐 듯합니다. 어느 정도의 몸싸움은 감당해야 하니까요. 그 옛날, 『손자병법』을 쓴 중국의 손자는 이런 말을 남겼다고 하지요. 진정한 승리는 싸우지 않고 이기는 것이다! 위 네 명의 돌연변이 초능력자들은 설령 전생에 나라를 몇 차례나 구한 이력이 있어 헐크에게 이긴다 하더라도 진정한 승리는 얻어 낼 수 없을 겁니다.

수많은 돌연변이 초능력자 중에서 어벤져스의 악동 헐크를 상대로 진정한 승리를 얻어 낼 자는 정말 하나도 없는 것일까요? 그렇지 않습니다. 딱 한 명 존재하긴 합니다. 피 한 방울, 상처 하나 없이 헐크를 단숨에 제압할 수 있는 유일한 돌연변이는 바로 나, 밴시에요. 과연 나는 어떤 방법으로 그를 상대할 수 있는 걸까요? 이건 뭐 다윗과 골리앗의 싸움도 아니고. 거울 속에 비친 모습을 바라보고 있는 나조차도 이런 능력이 있으리라고는 전혀 생각지 못했던 게 사실입니다. 우연한 기회를 통해 나에게 그러한 능력이 있다는 걸 깨닫게 되었으니까요.

인터폴 형사로서 활동할 때의 습관을 버리지 못한 채 도서관에 틀어박혀 옛날 기록들을 이것저것 뒤적이고 있던 어느 날이었습니다. 아마 영국의 어느 제약회사였을 거예요. 지금으로부터 40여 년 전, 그곳에서 아주 무시무시한 일이 벌어졌다는 기록과 마주하게 되었습니다.

그 제약회사에는 무슨 이유에서인지 야근을 밥 먹듯이 하는 직원이 하나 있었나 봅니다. 비효율의 끝을 달리던 그는 그날도 어김없이 홀로 잔업 삼매경에 빠져 있었고, 주변에는 칠흑 같은 어둠이 짙게 깔려 있었지요.

"이번 달 초과 근무 수당도 많이 챙겼겠다. 오늘 일은 이쯤에서 마무리하고 퇴근이나 해야지."

그러던 그때였어요. 어디선가 끼익끼익 하는 소리가 들려왔어요. 깜짝 놀란 남자는 토끼 눈을 뜬 채 주변을 두리번거렸습니다.

"거기 누구요?"

주변은 고요했습니다. 밤늦게까지 회사에 남아 있는 사람이라곤 남자가 유일하니 고요할 수 밖에요. 잘못 들었다고 생각한 그는 퇴근 준비를 할 요량으로 다시금 자리에 앉았습니다. 그때였어요. 어디선가 또다시 끼익끼익 하는 소리가 들려왔습니다. 이번엔 결코 착각이 아니었습니다. 분명하고 또렷하게 들렸거든요. 불행히도 소리만이 전부가 아니었습니다. 희미한 불빛 사이로 뭔가 움직이는 것이 보였습니다.

남자는 '걸음아, 날 살려라' 부리나케 달아났고, 다음 날 밤도, 그 다음 날 밤도 남자에게는 같은 일이 벌어졌다고 합니다. 차라리 야근을 하지 않았으면 됐을 텐데, 야근 수당이 뭔지. 초과 근무 수당의 유혹을 뿌리치지 못한 남자는 어느 날 작정하고 소리의 근원지를 찾아 나섰습니다. 마른침을 연거푸 삼키며 한 발, 두 발 내딛던 남자. 그 앞에 또다시 유령으로 보이는 실루엣이 등장했고, 모험심마저 강했던 남자는 용기를 내어 그곳으로 향했습니다.

그의 발소리에 맞춰 심장도 터질 듯이 뛰어댔고, 그의 땀방울들이 복도에 소복이 쌓일 무렵, 남자는 목적지에 다다르게 되었습니다. 두려움 때문이었는지, 아니면 다른 이유 때문이었는지 유령과 마주한 남자는 한동안 움직일 수 없었습니다. 이마를 흥건히 적시던 식은땀도 더 이상 흐르지 않았습니다. 한참이 지나 정신이 돌아온 남자는 힘겹게 입을 열었고, 그의 입에서는 전혀 예상치 못한 멘트가 터져 나왔습니다.

"으이그. 김 대리, 퇴근할 때 선풍기 좀 끄고 가라니까. 오래된 선풍기라서 전원 버튼이 말을 안 듣는 건 이해가 가지만 그럼 코드라도 뽑아놔야지. 내일 아침에 출근만 해봐라. 한 소리 해야지. 쳇. 그래도 아직 시원하긴 하네."

그랬습니다. 그의 눈에 아른거렸던 실루엣의 정체는 회사 내 오래된 선풍기였고, 끼익끼익 하던 소리는 오래된 선풍기가 회전하면서 내는 소리였던 것입니다. 오래된 선풍기는 들릴 듯 말 듯 저주파수의 음을 꾸준히 흘려보내고 있었고, 우연찮게도 소리가 갖는 주파수 영역이 남자의 각막 고유 진동수와 맞아떨어져 각막을 미세하게 떨리게 만든 것입니다. 그로 인해 남자는 유령의 실루엣과 같이 살랑살

랑 흔들리는 이미지, 즉 왜곡된 이미지를 보게 된 것이지요. 일종의 해프닝인 셈이었던 것입니다.

그저 웃고 넘길 예전 기록이라 치부하고 넘어갈 수 있었지만, 나는 이를 토대로 무릎을 탁 칠 만한 정보를 얻을 수 있었지요. 바로 헐크를 제압할 수 있는 나만의 방법을 말이에요.

"잠깐. 만약 내가 이 기록에서의 선풍기 이야기처럼 어둠 속에서 헐크의 각막과 동일한 저주파수의 목소리를 낸다면 어떨까? 그래. 그럼 분명 헐크는 유령을 보고 있다는 착각에 빠지겠지?"

나는 옛 기록과 마주했던 그 날, 오랜만에 유레카를 외쳤고, 그 어떠한 물리적인 공격 없이 헐크의 심리를 뒤흔들어 정신 착란 상태, 일명 멘붕 (멘탈 붕괴) 상태에 빠지게 만들 나만의 독창적인 공격법을 터득할 수 있게 되었습니다.

내 공격을 피하기 위한 유일한 비법

우리가 사는 이곳 지구는 음파를 지배하는 나에게 있어 더할 나위 없이 따뜻한 곳입니다. 고체면 고체, 액체면 액체…… 음파 전달에 최적화된 높은 밀도의 매질부터 시작해 아쉬운 대로 쓸 만한 낮은 밀도의 매질인 기체에 이르기까지 이 세상은 온통 소리로 대표되는 진동에너지를 전달할 수 있는 물질로 넘쳐나거든요. 즉, 듣기 원하는 소리들(signal)은 극히 일부에 지나지 않으며 나머지 대부분은 듣기 싫은 잡음들(noise)이란 뜻이지요. 과학계에 몸담고 있는 인간들은 수많은 음파들의 집합체에서 소리(signal)가 얼마나 큰 비율을 차지하는지 수치화하기 위해 다음과 같이 아주 단순한 수식을 만들어 냈습니다.

신호 대 잡음 비율(S/N ratio)=Signal/Noise

초등 교육을 착실히 받아온 우리는 이 수식을 보고 단번에 알아차릴 수 있습니다. "원하는 소리를 잘 들으려면 두 가지 방법을 알아야 해. 분자에 놓인 신호(signal) 수치를 높이고 분모에 놓인 잡음을 줄여야 해." 역사를 돌아봤을 때 신호 값을 올리고 싶어 하는 이들은 이어폰의 볼륨을 계속 높였고, 답답함을 참아낼 각오가 된 이들은 귓구멍에 최대한 이어폰을 밀착시켜 가며 약간이나마 잡음 값을 줄여 보기 위해 필사적으로 노력해 왔습니다.

그러나 이미 잘 알고 있는 바와 같이 소리란 진동으로부터 얻어지는 결과물입니다. 이어폰 자체가 외부의 진동에너지를 그대로 받아들여 고막으로 전달해 주는데 어떻게 막아 낼 수 있겠어요? 플라스틱 커버가 일부 진동에너지를 미량의 열에너지로 바꿔줄 뿐, 대부

⬆ 바람과 공명 현상을 일으켜 무너진 타코마 다리.

분의 잔여 진동에너지는 그대로 통과시켰으니까요. 어쩔 수 없이 또 다시 음향의 볼륨 버튼으로 손이 갈 수밖에 없었고, 분자 값을 높이려는 끊임없는 시도들은 이내 우리의 청력을 손상시켰으며, 몇 년이 지난 뒤 우리는 이어폰 대신 보청기를 낄 운명을 맞이하는 것이지요.

그런데 이 무슨 운명의 장난일까요? 이미 습관으로 자리매김한 '분자 값 키우기' 작업은 좀처럼 우리의 곁을 떠나지 않았고, 우리는 귀신에라도 홀린 양 또다시 보청기의 볼륨 버튼으로 손을 가져가고 있으니 말입니다.

'볼륨 업'이라는 정해진 운명에 따르기 싫었던 소수의 인간들은 분자 값 증가가 아닌 분모 값 감소로 눈을 돌렸는데요. 즉 신호는 유지한 채 잡음만 줄이는 방법을 연구하기 시작한 것입니다. 그들은 이어폰에 외부 잡음의 파동과 동일한 진폭, 세기를 갖되 엑스(X)축을 기준으로 정반대로 뒤집힌 패턴의 음파를 심어 넣었습니다. 자신과 거울상의 패턴을 가진 음파를 만난 잡음들은 이내 사그라지고 '신호 대 잡음 비율'은 신호(분자 값)를 건드리지 않았음에도 커지는 효과를 얻게 되었죠. 이름 하여 '노이즈 캔슬링(noise cancelling)'입니다. 유행에 민감하고 얼리어답터를 꿈꾸는 당신이라면 한 번쯤 들어봤음직한 용어죠? 동일한 두 파동이 서로 힘을 합쳐 만들어낸 **보강 간섭**이 지금까지 이슈 몰이를 해온 공진 현상의 실체였다면, 노이즈 캔슬링 기술은 거울상의 두 파동이 만들어낸 **상쇄 간섭**의 대표적인 활용처인 셈입니다.

엑 스 파 일

- 보강 간섭이란 여러 파동이 겹쳐져 중첩이 일어날 때 마루는 또 다른 마루를 만나고, 골은 또 다른 골을 만나면서 파동의 크기가 더욱 극대화되는 것을 의미합니다. 바람과 공명 현상을 일으켜 무너져 내린 타코마 다리가 보강 간섭의 단적인 예입니다.
  상쇄 간섭은 여러 파동이 겹쳐 중첩이 일어날 때 마루는 골을 만나고, 골은 마루를 만나면서 파동의 크기가 감소되어 진폭이 줄어드는 것을 의미합니다. 지진 방지를 위해 설계된 건축물의 댐퍼가 상쇄 간섭의 단적인 예입니다.

이 말은 무엇을 의미할까요? 솔직히 말해 만약 내 눈앞에 음파의 파동을 반사시키는 능력을 가진 돌연변이가 나타난다면, 나는 평범한 인간보다도 더욱 존재감 없는 캐릭터로 전락해 버릴지도 모릅니다. 마치 〈엑스맨: 최후의 전쟁〉(2006)의 유전자 변환 물질(큐어)을 맞은 돌연변이들처럼 말이에요. 아니, 그들은 돌연변이 능력만 빼앗긴 채 인간의 모습으로 잘 살아갔지만, 나는 그 경우와 전혀 다릅니다. 나는 디즈니의 인어공주처럼 목소리 전체를 빼앗긴 벙어리 신세가 될 게 틀림없어요. 인어공주야 등가 교환의 법칙에 따라 다리를 얻은 대가로 목소리를 잃었다지만, 나는 도대체 무슨 잘못을 했다고 이런 시련을 받아야 한단 말입니까? 생각만 해도 오금이 저리고 사지가 뒤틀립니다. 간절히 바라건대 나는 꿈에서라도 이러한 존재를 만나지 않았으면 좋겠습니다.

희망 업무

예전에 몸담고 있었던 인터폴에서의 업무가 주어진다면 누구보다 잘 해낼 수 있을 겁니다. 당시 나는 내 능력을 겉으로 드러내지 않았음에도 불구하고 최고의 형사로서 이름을 날렸어요. 물론 그로 인해 쓸데없는 고생을 사서 했지만 말입니다. 밤낮 없이 매일 뛰어다니는 건 기본이고, 제때에 끼니를 챙긴 기억이 손에 꼽을 정도입니다. 정말 힘들게 지냈지요. 당시의 경험들이 뼈 속 깊이 각인되어 있는 만큼 여전히 나는 눈을 감고 있어도 범죄자들의 도주 경로가 훤히 보입니다. 그들의 심리 상태를 파악하는 건 사실 일도 아니고요.

입사하게 된다면 나는 스파이 및 회사에 해를 끼치는 자들을 색출해 내는 업무를 맡고 싶습니다. 지금 이곳에서는 굳이 내 정체를 숨기지 않아도 되기에 이전보다 더 효율적으로 일할 수 있을 겁니다. 나의 소닉 스크림은 범죄자들의 심리를 한껏 옥죌 수 있는 최고의 도구로 쓰일 것이라 확신합니다.

장래 포부

나는 이 회사가 세계적인 그룹으로 거듭나길 바라는 사람 중 한 명입니다. 회사도 회사지만 국제적인 공조 수사가 주 업무였던 터라 더욱더 능력을 발휘할 수 있을 겁니다.

사람의 욕심이란 정말 끝이 없나 봅니다. 평범한 인간들만의 전 지구적인 경찰 기구에 있었던 나는 보다 넓은 세상으로 뻗어나가길 원했고 지금의 이 채용 과정이 그 목표를 이루기 위한 첫 번째 단계라고 생각합니다.

나는 다른 돌연변이들처럼 인간 세상이 싫어서 떠나지 않았습니다. 이는 내가 인간과 돌연변이 중 어느 한쪽 편에 서지 않은 채 공정한 감찰을 해낼 수 있는 든든한 배경이 되어 줍니다. 인간 세상과 돌연변이 세상의 통합 경찰 기구가 생긴다면 내가 그들의 리더가 될 만한 적임자가 아닐까요? 배경도 탄탄하고, 경험도 풍부하고, 능력까지 출중하니까요! 이제 선택은 회사의 몫입니다.

[울버린]

- 누구나 쉽게 배우는 원소, 일동서원본사 지음, 원형원 옮김, 작은 책방(해든아침), 2013.
- 원소가 뭐길래-일상 속 흥미진진한 화학 이야기, 장홍제 지음, 다른, 2017.
- 줌달의 일반화학, Cengage Learnung Korea, 2019.
- 재료과학, William D. Callister·David G. Rethwisch 지음, 문영훈 옮김, 한티미디어, 2017.

[매그니토]

- 맥스웰방정식 완벽해부-전기와 자기, 전자파와 빛의 비밀을 파

헤치는, Daniel Fleisch 지음, 유태훈 옮김, 학산미디어, 2016.
- 패러데이와 맥스웰-전자기 시대를 연, 물리학의 두 거장, 낸시 포브스·배질 마혼 지음, 박찬·박술 옮김, 반니, 2015.
- 꿈의 물질, 초전도, 김찬중 지음, 하늬바람에영글다, 2015.
- 누구나 쉽게 배우는 원소, 일동서원본사 지음, 원형원 옮김, 작은책방(해든아침), 2013.
- 원소가 뭐길래-일상 속 흥미진진한 화학 이야기, 장홍제 지음, 다른, 2017.
- <Universe Today: NASA proposes a magnetic shield to protect Mars' atmosphere>
- <ScienceAlert: NASA wants to launch a giant magnetice field to make Mars habitable>
- <Newton highlight: 철저도해 살아있는 태양>, 아이뉴턴, 2012.

[사이클롭스]

- 예언된 미래, SF-스크린 밖으로 튀어나온 공상과학, 로드 파일 지음, 이다윤 엄성수 옮김, 타임북스, 2018.
- 전쟁의 물리학-화살에서 핵폭탄까지, 무기와 과학의 역사, 배리 파커 지음, 김은영 옮김, 북로드, 2015.
- 타운스가 들려주는 레이저 이야기, 육근철 지음, 자음과모음,

2010.

- 핵심 레이저 광학, 장수 지음, 테크미디어, 2015.
- <고에너지 레이저 무기, 현황과 과제>, 국방논단 제1774호, p19-35, 2019.
- <국방저널; National defense journal>, 통권 제547호, p52-55, 2019.

<Jane's Defence Weekly>, May 2, 2018, p4; Jane's Internationa Defence Reiview, May 2018, p30-31.

<Copper and Silver Carbene Complexes without Heteroatom-Stabilization: Structure, Spectroscopy, and Relativistic Effects>, Angewandte Chemie International Edition 54, 35, 2015.

[스톰]

- 상위 5%로 가는 지구과학교실2-기초 지구과학(하), 김용완 외 지음, 신창국 그림, 스콜라(위즈덤하우스), 2008.
- 아주 명쾌한 진화론 수업-생물학자 장수철 교수가 국어학자 이재성 교수에게 1:1 진화생물학 수업을 하다, 장수철 이재성 지음, 휴머니스트, 2018.
- The lightning discharge, Dover Publications, 2001.
- <Discharge of intense gamma-ray flashes of atmospheric origin>, Science 27, 5163, 1994.

[밴시]

- 수학으로 배우는 파동의 법칙-삼각함수와 미적분을 마스터하다, Transnational College of Lex 지음, 이경민 옮김, Gbrain(지브레인), 2010.
- 파동의 사이언스, 아이뉴턴 편집부 지음, 아이뉴턴(뉴턴코리아), 2017.
- 미리 보는 미래무기, 국방기술품질원, 2012.
- 무기 체계 원리, 한국방위산업진흥회, 2013.
- <노이즈 캔슬링 시스템 및 노이즈 캔슬 방법>, KR101357935B1, 소니 주식회사
- <Evaluation of speech intelligibility for feedback adaptive active noise cancellation headset>, IEEE Xplore, 2007.

캡틴아메리카와 블랙팬서의 비브라늄보다 강한 금속을 다루다
울버린

중등		물질의 구성
고등	통합과학	물질과 규칙성 (신소재의 발견과 이용)
	물리2	미시 세계과 양자 현상 (원자의 구조)

아이언맨의 금속 심장을 움켜쥔 남자!
매그니토

중등		전기와 자기 (전류에 의한 자기장 / 전자기 유도)
고등	통합과학	환경과 에너지 (발전과 신재생 에너지)
	고등물리1	물질과 전자기장 (물질과 자기)
	고등물리2	전기와 자기 (전류에 의한 자기장 / 전자기 유도)
		고등물리2 파동과 빛 (전자기파)

아이언맨의 리펄서 빔에 당당히 맞서다

사이클롭스

중등		빛과 파동
고등	물리1	물질과 전자기장 (물질과 전자)
		파동과 정보통신
	고등물리2	파동과 빛 (레이저)
		고등물리2 미시 세계와 양자 현상 (빛의 입자성)

지구에서만큼은 토르보다 내가 한 수 위!

스톰

중등		기체의 성질 (입자의 운동)
		기권과 우리 생활 (대기 중의 물 / 기압과 바람 / 날씨의 변화)
고등	물리2	운동과 에너지 (분자운동)

헐크마저 벌벌 떨게 만드는 어둠의 목소리!

밴시

중등		빛과 파동 (파동과 소리)
고등	물리1	파동과 정보통신 (파동의 성질)
	고등물리2	파동과 빛 (파동의 성질)

푸른들녘 인문·교양 시리즈

인문·교양의 다양한 주제들을 폭넓고 섬세하게 바라보는 〈푸른들녘 인문·교양〉 시리즈. 일상에서 만나는 다양한 주제들을 통해 사람의 이야기를 들여다본다. '앎이 녹아든 삶'을 지향하는 이 시리즈는 주변의 구체적인 사물과 현상에서 출발하여 문화·정치·경제·철학·사회·예술·역사 등 다방면의 영역으로 생각을 확대할 수 있도록 구성되었다. 독특하고 풍미 넘치는 인문·교양의 향연으로 여러분을 초대한다.

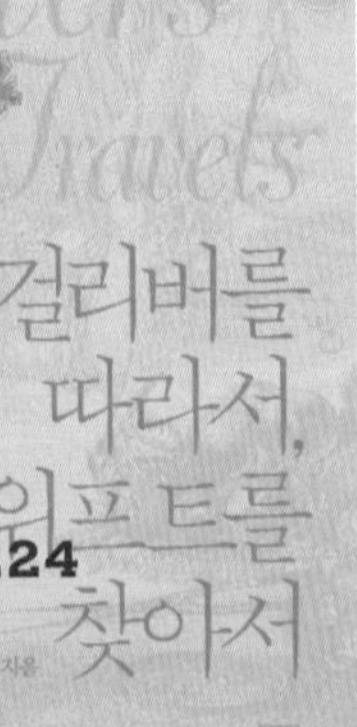

2014 한국출판문화산업진흥원 청소년 권장도서 | 2014 대한출판문화협회 청소년 교양도서

001 옷장에서 나온 인문학

이민정 지음 | 240쪽

옷장 속에는 우리가 미처 눈치 채지 못한 인문학과 사회학적 지식이 가득 들어 있다. 옷은 세계 곳곳에서 벌어지는 사건과 사람의 이야기를 담은 이 세상의 축소판이다. 패스트패션, 명품, 부르카, 모피 등등 다양한 옷을 통해 인문학을 만나자.

2014 한국출판문화산업진흥원 청소년 권장도서 | 2015 세종우수도서

002 집에 들어온 인문학

서윤영 지음 | 248쪽

집은 사회의 흐름을 은밀하게 주도하는 보이지 않는 손이다. 단독주택과 아파트, 원룸과 고시원까지, 겉으로 드러나지 않는 집의 속사정을 꼼꼼히 들여다보면 어느덧 우리 옆에 와 있는 인문학의 세계에 성큼 들어서게 될 것이다.

2014 한국출판문화산업진흥원 청소년 권장도서

003 책상을 떠난 철학

이현영 · 장기혁 · 신아연 지음 | 256쪽

철학은 거창한 게 아니다. 책을 통해서만 즐길 수 있는 박제된 사상도 아니다. 언제 어디서나 부딪힐 수 있는 다양한 고민에 질문을 던지고, 이에 대한 답을 스스로 찾아가는 과정이 바로 철학이다. 이 책은 그 여정에 함께할 믿음직한 나침반이다.

2015 세종우수도서

004 우리말 밭다리걸기

나윤정 · 김주동 지음 | 240쪽

우리말을 정확하게 사용하는 사람은 얼마나 될까? 이 책은 일상에서 실수하기 쉬운 잘못들을 꼭 집어내어 바른 쓰임과 연결해주고, 까다로운 어법과 맞춤법을 깨알 같은 재미로 분석해주는 대한민국 사람을 위한 교양 필독서다.

2014 한국출판문화산업진흥원 청소년 권장도서

005 내 친구 톨스토이

박홍규 지음 | 344쪽

톨스토이는 누구보다 삐딱한 반항아였고, 솔직하고 인간적이며 자유로웠던 사람이다. 자유·자연·자치의 삶을 온몸으로 추구했던 거인이다. 시대의 오류와 통념에 정면으로 맞선 반항아 톨스토이의 진짜 삶과 문학을 만나보자.

006 걸리버를 따라서, 스위프트를 찾아서

박홍규 지음 | 348쪽

인간과 문명 비판의 정수를 느끼고 싶다면《걸리버 여행기》를 벗하라! 그러나《걸리버 여행기》를 제대로 이해하고 싶다면 이 책을 읽어라! 18세기에 쓰인《걸리버 여행기》가 21세기 오늘을 살아가는 우리에게 어떻게 적용되는지 따라가보자.

007 까칠한 정치, 우직한 법을 만나다

승지홍 지음 | 440쪽

"법과 정치에 관련된 여러 내용들이 어떤 식으로 연결망을 이루는지, 일상과 어떻게 관계를 맺고 있는지 알려주는 교양서! 정치 기사와 뉴스가 쉽게 이해되고, 법정 드라마 감상이 만만해지는 인문 교양 지식의 종합선물세트!

008/009 청년을 위한 세계사 강의 1, 2

모지현 지음 | 각 권 450쪽 내외

역사는 인류가 지금까지 움직여온 법칙을 보여주고 흘러갈 방향을 예측하게 해주는 지혜의 보고(寶庫)다. 인류 문명의 시원 서아시아에서 시작하여 분쟁 지역 현대 서아시아로 돌아오는 신개념 한 바퀴 세계사를 읽는다.

010 망치를 든 철학자 니체 vs. 불꽃을 품은 철학자 포이어바흐

강대석 지음 | 184쪽

유물론의 아버지 포이어바흐와 실존주의 선구자 니체가 한판 붙는다면? 박제된 세상을 겨냥한 철학자들의 돌직구와 섹시한 그들의 뇌구조 커밍아웃! 무릉도원의 실제 무대인 중국 장가계에서 펼쳐지는 까칠하고 직설적인 철학 공개토론에 참석해보자!

011 맨 처음 성性 인문학

박홍규 · 최재목 · 김경천 지음 | 328쪽

대학에서 인문학을 가르치는 교수와 현장에서 청소년 성 문제를 다루었던 변호사가 한마음으로 집필한 책. 동서양 사상사와 법률 이야기를 바탕으로 누구나 알지만 아무도 몰랐던 성 이야기를 흥미롭게 풀어낸 독보적인 책이다.

012 가거라 용감하게, 아들아!

박홍규 지음 | 384쪽

지식인의 초상 루쉰의 삶과 문학을 깊이 파보는 책. 문학 교과서에 소개된 루쉰, 중국사에 등장하는 루쉰의 모습은 반쪽에 불과하다. 지식인 루쉰의 삶과 작품을 온전히 이해하고 싶다면 이 책을 먼저 읽어라!!

013 태초에 행동이 있었다

박홍규 지음 | 400쪽

인생아 내가 간다, 길을 비켜라! 각자의 운명은 스스로 개척하는 것! 근대 소설의 효시, 머뭇거리는 청춘에게 거울이 되어줄 유쾌한 고전, 흔들리는 사회에 명쾌한 방향을 제시해줄 지혜로운 키잡이 세르반테스의 『돈키호테』를 함께 읽는다!

014 세상과 통하는 철학

이현영 · 장기혁 · 신아연 지음 | 256쪽

요즘 우리나라를 '헬 조선'이라 일컫고 청년들을 'N포 세대'라 부르는데, 어떻게 살아야 되는 걸까? 과학 기술이 발달하면 우리는 정말 더 행복한 삶을 살 수 있을까? 가장 실용적인 학문인 철학에 다가서는 즐거운 여정에 참여해보자.

꿈꾸는 도서관 추천도서

015 명언 철학사

강대석 지음 | 400쪽

21세기를 살아갈 청년들이 반드시 읽어야 할 교양 철학사. 철학 고수가 엄선한 사상가 62명의 명언을 통해 서양 철학사의 흐름과 논점, 쟁점을 한눈에 꿰뚫어본다. 철학 및 인문학 초보자들에게 흥미롭고 유용한 인문학 나침반이 될 것이다.

꿈꾸는 도서관 추천도서

016 청와대는 건물 이름이 아니다

정승원 지음 | 272쪽

재미와 쓸모를 동시에 잡은 기호학 입문서. 언어로 대표되는 기호는 직접적인 의미 외에 비유적이고 간접적인 의미를 내포한다. 따라서 기호가 사용되는 현상의 숨은 뜻과 상징성, 진의를 이해하려면 일상적으로 통용되는 기호의 참뜻을 알아야 한다.

2018 책따세 여름방학 추천도서, 꿈꾸는 도서관 추천도서

017 내가 사랑한 수학자들

박형주 지음 | 208쪽

20세기에 활약했던 다양한 개성을 지닌 수학자들을 통해 '인간의 얼굴을 한 수학'을 그린 책. 그들이 수학을 기반으로 어떻게 과학기술을 발전시켰는지, 인류사의 흐름을 어떻게 긍정적으로 변화시켰는지 보여주는 교양 필독서다.

018 루소와 볼테르 인류의 진보적 혁명을 논하다

강대석 지음 | 232쪽

볼테르와 루소의 논쟁을 토대로 "무엇이 인류의 행복을 증진할까?", "인간의 불평등은 어디서 기원하는가?", "참된 신앙이란 무엇인가?", "교육의 본질은 무엇인가?", "역사를 연구하는 데 철학이 꼭 필요한가?" 등의 문제에 대한 답을 찾는다.

019 제우스는 죽었다 그리스로마 신화 파격적으로 읽기

박홍규 지음 | 416쪽

그리스 신화에 등장하는 시기와 질투, 폭력과 독재, 파괴와 침략, 지배와 피지배 구조, 이방의 존재들을 괴물로 치부하여 처단하는 행태에 의문을 품고 출발, 종래의 무분별한 수용을 비판하면서 신화에 담긴 3중 차별 구조를 들춰보는 새로운 시도.

020 존재의 제자리 찾기 청춘을 위한 현상학 강의

박영규 지음 | 200쪽

현상학은 세상의 존재에 대해 섬세히 들여다보는 학문이다. 어려운 용어로 가득한 것 같지만 실은 어떤 삶의 태도를 갖추고 어떻게 사유해야 할지 알려주는 학문이다. 이 책을 통해 존재에 다가서고 세상을 이해하는 길을 찾아보자.

2018 세종우수도서(교양부문)

021 코르셋과 고래뼈

이민정 지음 | 312쪽

한 시대를 특징 짓는 패션 아이템과 그에 얽힌 다양한 이야기를 풀어낸다. 생태와 인간, 사회 시스템의 변화, 신체 특정 부위의 노출, 미의 기준, 여성의 지위에 대한 인식, 인종 혹은 계급의 문제 등을 복식 아이템과 연결하여 흥미롭게 다뤘다.

2018 세종우수도서

022 불편한 인권

박홍규 지음 | 456쪽

저자가 성장 과정에서 겪었던 인권탄압 경험을 바탕으로 인류의 인권이 증진되어온 과정을 시대별로 살핀다. 대한민국의 헌법을 세세하게 들여다보며, 우리가 과연 제대로 된 인권을 보장받고 살아가고 있는지 탐구한다.

023 노트의 품격

이재영 지음 | 272쪽

'역사가 기억하는 위대함, 한 인간이 성취하는 비범함'이란 결국 '개인과 사회에 대한 깊은 성찰'에서 비롯된다는 것, 그리고 그 바탕에는 지속적이며 내밀한 글쓰기 있었음을 보여주는 책.

024 검은물잠자리는 사랑을 그린다

송국 지음, 장신희 그림 | 280쪽

곤충의 생태를 생태화와 생태시로 소개하고, '곤충의 일생'을 통해 곤충의 생태가 인간의 삶과 어떤 지점에서 비교되는지 탐색한다.

2019 한국출판문화산업진흥원 9월의 추천도서 | 2019 책따세 여름방학 추천도서

025 헌법수업 말랑하고 정의로운 영혼을 위한

신주영 지음 | 324쪽

'대중이 이해하기 쉬운 언어'로 법의 생태를 설명해온 가슴 따뜻한 20년차 변호사 신주영이 청소년들을 대상으로 헌법을 이야기한다. 우리에게 가장 중요한 권리, 즉 '인간을 인간으로서 살게 해주는 데, 인간을 인간답게 살게 해주는 데' 반드시 요구되는 인간의 존엄성과 기본권을 명시해놓은 '법 중의 법'으로서의 헌법을 강조한다.

026 아동인권 존중받고 존중하는 영혼을 위한

김희진 지음 | 240쪽

아동과 관련된 사회적 이슈를 아동 중심의 관점으로 접근하고 아동을 위한 방향성을 모색한다. 소년사법, 청소년 참정권 등 뜨거운 화두가 되고 있는 주제에 대해서도 '아동 최상의 이익'이라는 일관된 원칙에 입각하여 논지를 전개한 책.

027 카뮈와 사르트르 반항과 자유를 역설하다

강대석 지음 | 224쪽

카뮈와 사르트르는 공산주의자들과 협력하기도 했고 맑스주의를 비판하기도 했다. 그러므로 이들의 공통된 이념과 상반된 이념이 무엇이며 이들의 철학과 맑스주의가 어떤 관계에 있는가를 규명하는 것은 현대 철학을 이해하는 데 매우 중요한 열쇠가 될 것이다.

028 스코 박사의 과학으로 읽는 역사유물 탐험기

스코박사(권태균) 지음 | 272쪽

우리 역사 유물 열네 가지에 숨어 있는 과학의 비밀을 풀어낸 융합 교양서. 문화유산을 탄생시킨 과학적 원리에 대해 '왜?'라고 묻고 '어떻게?'를 탐구한 성과를 모은 이 책은 인문학의 창으로 탐구하던 역사를 과학이라는 정밀한 도구로 분석한 신선한 작업이다.

2015 우수출판콘텐츠 지원사업 선정작

029 케미가 기가 막혀

이희나 지음 | 264쪽

실험 결과를 알기 쉽게 풀어 설명하고 왜 그런 현상이 일어나는지, 실생활에서 어떻게 활용할 수 있는지, 친밀한 예를 곁들여 화학 원리의 이해를 돕는다. 학생뿐 아니라 평소 과학에 관심이 많았던 독자들의 교양서로도 충분히 활용할 수 있다.

2021년 세종우수도서

030 조기의 한국사

정명섭 지음 | 308쪽

크기도 맛도 평범했던 조기가 위로는 왕의 사랑을, 아래로는 백성의 애정을 듬뿍 받았던 이유를 밝히고, 바다 위에 장이 설 정도로 수확이 왕성했던 그때 그 시절의 이야기를 중심으로 조기에 얽힌 생태, 역사, 문화를 둘러본다.

꿈꾸는 도서관 추천도서

031 스파이더맨 내게 화학을 알려줘

닥터 스코 지음 | 256쪽

현실 거미줄의 특성과 영화 속 스파이더맨 거미줄의 특성 비교, 현실 거미줄의 특장을 찾아내어 기능을 업그레이드한 특수 섬유 소개, 거미줄이 이슬방울에 녹지 않는 이유, 거미가 다리털을 문질러서 전기를 발생하여 먹이를 잡는 이야기 등 가능한 한 많은 의문을 던지고 그 해답을 찾아간다.

032 엑스맨 주식회사 (절판)

과학자 닥터스코, 수의사 김덕근 지음 | 360쪽

엑스맨 시리즈의 히어로의 초능력에 얽힌 과학적인 사실들을 파헤친다. 타인의 생각을 읽어내는 프로페서엑스(X), 뛰어난 피부 재생 능력을 자랑하는 울버린, 은신과 변신으로 상대방을 혼란스럽게 만드는 미스틱 등등 돌연변이와 함께할 수 있는 과학의 세계는 상상을 초월할만큼 무궁무진하다. "에이 설마!" 했던 놀라운 무기의 원리를 과학으로 설명한다!

033 슬기로운 게임생활 10대를 위한

조형근 지음 | 288쪽

어떻게 해야 마음 놓고 게임하고 공부도 하고, 또 이 둘을 함께 즐길 수 있을까? 이 질문에 대해 전직 프로게이머 조형근 선수는 "확실히 있다."고 대답한다.게임 때문에 자녀와 틀어진 부모, 게임의 피로감을 이기지 못해 잠만 자는 학생을 바라보아야 하는 교사, 이 모두를 위한 디지털 시대의 게임×공부 지침서!!

꿈꾸는 도서관 추천도서

034 슬기로운 뉴스 읽기

강병철 지음 | 304쪽

이 책을 통해 범람하는 기사들 속에서 진짜와 가짜를 구별해 낼 수 있는 지혜와 정보, 기사를 읽을 때 중시해야 할 점, 한눈에 가짜임을 알 수 있는 팁 등을 얻을 수 있다. 기사의 헤드카피 유형부터 육하원칙에 따른 본문 구성과 용어 다루기까지 알뜰한 정보로 가득찬 책이다.

035 내 친구 존 스튜어트 밀

박홍규 지음 | 264쪽

영재라고 알려진 그가 정말 영재였는지, 성장기의 교육 환경은 어떠했는지, 부모는 그를 어떻게 교육했는지, 교육과정에서 갈등은 없었는지, 존 스튜어트 밀 자신이 특히 좋아했던 공부법은 무엇이었는지, 그가 자신의 고유한 사상을 세워간 근본 철학은 무엇인지, 젊은 시절 어떠한 고뇌를 통해 성장했는지 등 존 스튜어트 밀의 생애와 사상을 청소년의 눈높이에 맞춰 다루었다.